"十四五"职业教育国家规划教材

"十三五"职业教育国家规划教材

数 控 车 削 加 工

组编　上海石化工业学校
主编　张慧英
参编　蔡　俊　陆秀林　王永清
　　　许　洁　殷旭宁

机械工业出版社

本书是"十四五"职业教育国家规划教材，是借鉴国内外职业教育先进教学模式，根据职业教育改革要求，为适应市场对新型技能人才的需要，以岗位所需的知识和操作技能为着眼点，参考社会化职业技能等级认定要求而开发的。

　　本书在数控系统的选择上采用企业普遍使用的 FANUC-0i 系统，在内容上采用项目式教学法，讲授安全知识、数控车床基本操作及加工方面的知识，以"理论够用，实用有效"为原则，使学生能尽快具备数控加工的能力。同时运用了"互联网+"形式，在重要知识点嵌入二维码，方便学生理解相关知识，进行更深入地学习。全书分为安全知识准备、数控车削加工准备、轴类零件加工、盘套类零件加工、槽加工、螺纹加工、综合件加工七个项目，每个项目包含多个工作任务。

　　本书可作为中等职业学校模具制造技术专业的数控加工技术课程教学用书，也可供相关专业和从事相关工作的技术人员参考使用。

　　为便于教学，本书配套有电子课件、视频等教学资源，凡选用本书作为授课教材的教师可登录 www.cmpedu.com 注册后免费下载。

图书在版编目（CIP）数据

数控车削加工/张慧英主编. —北京：机械工业出版社，2018.5
（2024.8重印）
"十三五"职业教育国家规划教材
ISBN 978-7-111-59783-4

Ⅰ.①数…　Ⅱ.①张…　Ⅲ.①数控机床-车床-车削-加工工艺-职业教育-教材　Ⅳ.①TG519.1

中国版本图书馆 CIP 数据核字（2018）第 087365 号

机械工业出版社（北京市百万庄大街 22 号　邮政编码 100037）
策划编辑：齐志刚　责任编辑：黎　艳　责任校对：王明欣
封面设计：张　静　责任印制：单爱军
北京中科印刷有限公司印刷
2024 年 8 月第 1 版第 8 次印刷
184mm×260mm·14.25 印张·346 千字
标准书号：ISBN 978-7-111-59783-4
定价：39.80 元

电话服务　　　　　　　　　　　网络服务
客服电话：010-88361066　　　　机　工　官　网：www.cmpbook.com
　　　　　010-88379833　　　　机　工　官　博：weibo.com/cmp1952
　　　　　010-68326294　　　　金　书　　　网：www.golden-book.com
封底无防伪标均为盗版　　　　　机工教育服务网：www.cmpedu.com

关于"十四五"职业教育
国家规划教材的出版说明

为贯彻落实《中共中央关于认真学习宣传贯彻党的二十大精神的决定》《习近平新时代中国特色社会主义思想进课程教材指南》《职业院校教材管理办法》等文件精神，机械工业出版社与教材编写团队一道，认真执行思政内容进教材、进课堂、进头脑要求，尊重教育规律，遵循学科特点，对教材内容进行了更新，着力落实以下要求：

1. 提升教材铸魂育人功能，培育、践行社会主义核心价值观，教育引导学生树立共产主义远大理想和中国特色社会主义共同理想，坚定"四个自信"，厚植爱国主义情怀，把爱国情、强国志、报国行自觉融入建设社会主义现代化强国、实现中华民族伟大复兴的奋斗之中。同时，弘扬中华优秀传统文化，深入开展宪法法治教育。

2. 注重科学思维方法训练和科学伦理教育，培养学生探索未知、追求真理、勇攀科学高峰的责任感和使命感；强化学生工程伦理教育，培养学生精益求精的大国工匠精神，激发学生科技报国的家国情怀和使命担当。加快构建中国特色哲学社会科学学科体系、学术体系、话语体系。帮助学生了解相关专业和行业领域的国家战略、法律法规和相关政策，引导学生深入社会实践、关注现实问题，培育学生经世济民、诚信服务、德法兼修的职业素养。

3. 教育引导学生深刻理解并自觉实践各行业的职业精神、职业规范，增强职业责任感，培养遵纪守法、爱岗敬业、无私奉献、诚实守信、公道办事、开拓创新的职业品格和行为习惯。

在此基础上，及时更新教材知识内容，体现产业发展的新技术、新工艺、新规范、新标准。加强教材数字化建设，丰富配套资源，形成可听、可视、可练、可互动的融媒体教材。

教材建设需要各方的共同努力，也欢迎相关教材使用院校的师生及时反馈意见和建议，我们将认真组织力量进行研究，在后续重印及再版时吸纳改进，不断推动高质量教材出版。

机械工业出版社

前 言

本书为"十三五"职业教育国家规划教材,借鉴国内外职业教育先进教学模式,根据职业教育改革要求,为适应市场对新型技能人才的需要,以岗位所需的知识和操作技能为着眼点,参考社会化职业鉴定要求而开发的。为推进习近平新时代中国特色社会主义思想进课程教材,将安全意识、规则意识、劳动品质、环境意识、质量意识等素养元素融入教材内容,将立德树人根本任务融入整个学习过程。

本书采用项目式教学法,讲授安全知识、数控车床基本操作及加工方面的知识,以"理论够用,实用有效"为原则,使学生能尽快具备数控加工的能力。通过精选任务实例,在教学内容设计上注重体现对于学生职业素养的培养,包括安全意识的建立,复杂加工工艺各工序间的相关问题的全局处理,以及编程加工环境要素的管理等,从而启发和培养学生对数控加工技术职业素养要求的思考,以及提升综合职业能力。

本书以任务驱动的方式将相关理论知识融入实践中,突出"教、学、做、评一体"的教学模式。每个任务通过工作任务、任务实施、操作注意事项、知识链接、知识拓展、试一试等等环节展开,融零件的识图、数控加工工艺、编程、加工、检测和职业素养的养成为一体。工作任务由单一到综合,符合学生的认知规律,易于激发学生的学习兴趣,具有很强的操作性。同时运用了"互联网+"技术,在部分知识点附近设置了二维码,使用者可以用智能手机进行扫描,便可在手机屏幕上显示和教学资源相关的多媒体内容,方便学生理解相关知识,进行更深入地学习。

本书由张慧英任主编,并编写了项目三。参加编写的还有陆秀林(项目一)、王永清(项目二)、蔡俊(项目四)、许洁(项目五)、殷旭宁(项目六和七),陆秀林参与了图样的绘制,全书由张慧英统稿。本书在编写过程中借鉴了国内外同行的研究成果和相关文献,在此对相关作者表示感谢。

由于编者水平有限,书中疏漏和不妥之处在所难免,恳请读者批评指正。

编 者

2022.1

二维码索引

序号	名称	二维码	页码	序号	名称	二维码	页码
1	认识数控车床		19	5	镗刀的安装		110
2	数控车床开机		20	6	检测零件		118
3	对刀操作		35	7	外螺纹对刀		154
4	用千分尺测量工件		60	8	内螺纹对刀		164

目　录

项目一

安全知识准备

 **项目描述**

在日常生产活动中，安全问题常被忽视，有些人对身边的安全隐患毫不在意，久而久之便养成了忽视安全问题的不良习惯。对于长期从事机械加工的工人来说，不注意安全文明生产会造成严重的后果，一次偶然的意外事故就可能缩短或断送职业生涯，甚至会危及自己和他人的生命。所以一定要重视安全文明生产，牢固树立"安全第一，预防为主"的观念，做好个人安全防护工作。

模块　实训 HSE

 **学习目标**

1) 了解安全生产、文明生产的基本内容和重要性。
2) 熟悉数控车床操作规程。
3) 认识 HSE 急救用品。
4) 认识 HSE 劳动防护用品。
5) 树立安全生产、绿色环保、规范与标准意识。

 **学习导入**

本模块由认识安全操作规程、认识常见劳动防护用品与认识常见急救用品三个任务组成。数控专业人员以及将来可能从事数控工作的人员一定要重视安全文明生产，牢固树立"安全第一，预防为主"的观念，做好个人安全防护工作。

任务一　认识安全操作规程

▶ **工作任务**

1. 任务描述

通过参观生产车间现场、接受安全文明生产教育，了解数控车削加工的相关安全操作规程，养成文明生产和安全生产习惯，为将来进一步做好本职工作打下良好的基础。

2. 任务准备

参观生产车间现场前对照表1-1进行安全自检，并将结果记录在表中。

表1-1　安全自检表

序号	安全自检内容	结果
1	工作服是否穿好	是〇　否〇
2	工作鞋是否穿好	是〇　否〇
3	手套及饰品是否都已摘掉	是〇　否〇
4	工作帽是否戴好	是〇　否〇
5	防护眼镜是否已准备好	是〇　否〇

▶ 任务实施

1. 参观生产车间现场

（1）安全提示

1）参观前检查着装是否符合规范要求。

2）参观时听从教师的统一指挥。

3）在车间加工现场，应站在安全区域内进行观察。

4）不得随意触摸各种机床。

5）在车间里不得大声喧哗和嬉戏打闹。

（2）回答问题

1）参观生产现场时，留意车间里的各类安全规章制度，并列举出三条规章内容。

_____

_____

2）参观结束后，与车间工作人员（教师）交流讨论，用自己的语言描述一下数控车工的岗位要求。

_____

2. 安全文明生产教育

（1）认识安全标志（图1-1）

（2）认识数控车床安全操作规程　在了解安全文明生产常识后，分析以下案例。

工人小王是一位年轻漂亮的姑娘。这天，她穿着连衣裙和新买的凉鞋，披着新染的长发，高高兴兴地去厂里上班。上班时间就要到了，她一看时间紧张，便直接进入了车间，起动了机床。刚准备操作机床，看到自己精心护理的双手，小王赶紧找出一副手套戴上。

安全生产基础知识*之事故预防*

禁止攀登

禁止吸烟

安全标志

GB 2894—2008《安全标志及其使用导则》

GB 13495.1—2015《消防安全标志　第1部分:标志》

禁止标志:基本型式是带斜杠的圆边框,白底黑字图案,
　　　　　红色轮廓线,如禁止攀登、禁止吸烟、禁止通
　　　　　行、禁止合闸等。

注意安全

当心易燃物

警告标志:基本型式是正三角形边框,黄底黑色图案,
　　　　　黑色轮廓线,如注意安全、当心易燃物、
　　　　　当心坠落等。

指令标志:基本型式是圆形边框,蓝底白色图案,如必须
　　　　　戴防护眼镜、必须戴防尘口罩等。

必须戴防护眼镜

必须戴防尘口罩

提示标志:基本型式是正方形边框,绿底/红底,白色图例
　　　　　或文字,如紧急出口、避险处等。

其他提示标志:根据需要用文字表述的工作警示,
　　　　　　　如设备在运行、小心有电等。

图 1-1　安全标志

　　工作过程中,小王发现机床有一点脏,就立即用抹布去擦。组长看到了小王的行为,马上制止并批评了小王。

　　问题:

　　1)请讨论一下,小王着装与操作是否规范?如果不规范请指出,并说明应该如何改正?

　　2)请讨论组长为什么要批评小王。

▶ **操作注意事项**

　　1)禁止用手接触刀尖和切屑,必须使用钩子和毛刷来清理切屑。

　　2)禁止用手接触机床上正在旋转的主轴、工件或其他运动部位。

　　3)车床运转中,操作者不得离开岗位,发现机床存在异常须立即停车。

　　4)经常检查主轴箱温度,温度过高时应找有关人员进行检查。

　　5)严格遵守岗位责任制,机床由专人使用,他人使用须经过有关责任人的同意。

　　6)工件伸出车床100mm以外时,须在伸出位置设防护物。

▶ **知识链接**

数控车床安全操作规程

　　1)进入实训室实习时,必须经过安全文明生产和数控车床操作规程的学习。

2）进入实训场地后，应服从安排，不得擅自起动或操作数控车床。

3）按规定穿戴好劳动防护用品，不允许穿高跟鞋、拖鞋上岗，不允许戴手套和围巾进行操作，也不允许扎领带。

4）开机前，要检查车床电气控制系统是否正常，润滑系统是否畅通、油质是否良好，各操作手柄是否正常，工件、夹具及刀具是否已装夹牢固，切削液是否充足，然后开慢车空转 3～5min，检查各传动部件运转是否正常，确认无故障后，方可继续操作。

5）不要在数控车床周围放置障碍物，应确保足够的人机工作空间。

6）上机操作前应熟读数控车床的操作说明书，数控车床的开机、关机顺序一定要按照车床说明书的规定操作。

7）主轴起动后进行切削加工之前，一定要关好防护门，程序正常运行中严禁开启防护门。

8）在每次电源接通后，必须先完成各轴的回参考点操作，然后再进入其他运行方式，以确保各轴坐标的正确性。

9）程序输入完成后，必须经教师同意后方可按步骤操作。未经教师许可擅自操作或违章操作的，成绩按零分处理；造成操作事故者，按相关规定进行处分并赔偿相应损失。

10）完成对刀后，要做模拟换刀试验，以防止正式操作时发生撞坏刀具、工件或设备的事故。

11）在数控车削加工过程中，要选择好操作者的观察位置，不允许随意离开实训岗位。发现车床运转不正常时，应立即停车，向教师报告，待查明原因并排除故障后方可操作，严禁设备"带病"工作。

12）严禁两人同时操作数控系统面板及操纵数控车床。

13）手动对刀时，应选择合适的进给速度；手动换刀时，刀架与工件之间要有足够的转位距离，以保证不发生碰撞。

14）加工过程中，如出现异常危险情况可按下急停按钮，以确保设备和人身安全。

15）车床开始工作前，要认真检查润滑系统工作是否正常，如车床长时间未开动，可先采用手动方式向各部分供油润滑。

▶ 知识拓展——工业废品的正确处理

（1）废油、废切削液的处理　采用废油桶集中回收、集中处理的办法。

（2）废刀具的处理　采用分类集中回收硬质合金刀片、高速刀具钢刀片的措施，并致力于其再制造的开创性工作，旨在倡导可持续发展的生存环境。

原则上，建议每台数控车床、铣床、加工中心都要安装一个刀具收集箱，并且每个加工点至少要安置一个刀具收集箱，将所有用完的刀片集中存放在收集箱中，待装满后再将其转移到输送箱内。实训现场的仓库内设置两个输送箱，待输送箱装满之后，将其送到相关刀具厂商或其代理处。

（3）切屑的处理　切屑是工厂的主要污染源，其量大而蓬松，含有大量的油，易污染环境。滴到地面上的油将严重腐蚀水泥地面，极大地降低了地基承载力。在实训中，学员应根据不同的切屑材质（如铝屑、铜屑、铸铁屑、钢屑等）进行分类收集，实训中心应设置专门切屑堆放处，用于集中收集和处理。

 试一试

1. 简述进入数控实训车间时的注意事项。
2. 简述数控车床安全操作规程。

任务二　认识常见劳动防护用品

 工作任务

1. 任务描述

知道常见劳动防护用品的使用场合，能在进入生产车间前规范地穿戴好工作服、工作鞋、工作帽和防护眼镜。

2. 任务准备

进入生产车间现场前请先辨识表 1-2 中所列图片，并将结果记录在表中。

表 1-2　辨识常见劳动防护用品

序号	图片	名称	用途
1			
2			
3			

（续）

序号	图片	名称	用途
4			
5			

▶ **任务实施**

1. 穿好工作服（图1-2）

在操作数控车床之前，学员必须事先穿好工作服。在操作车床过程中，不允许戴手套。

2. 穿好安全鞋（图1-3）

在工作中，安全鞋可起到保护脚的作用，穿工作鞋时一定要系紧鞋带。

3. 戴好工作帽和防护眼镜（图1-4）

戴好工作帽是为了防止工作中头发被车床的转动部位卷入，必须将头发塞进帽内，以免发生事故。佩戴防护眼镜的目的是防止在加工零件时切屑飞入损伤眼睛。

扣紧纽扣

扣紧袖口

图1-2 工作服的穿着方法

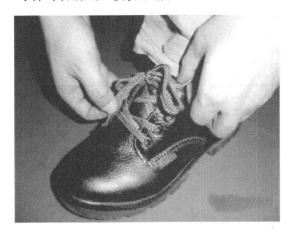

图1-3 安全鞋的正确穿法

图1-4 工作帽与防护眼镜的正确戴法

操作注意事项

劳动防护用品的穿戴必须规范、整齐。

 知识链接

常见劳动防护用品

1. 安全鞋

1）安全鞋可防止被物体砸伤或刺割伤脚部。例如，高处坠落物品及铁钉等锐利的物品散落在地面，就可能引起砸伤或刺伤。

2）安全鞋可防止高低温伤害。例如，冬季在室外施工作业时，穿好安全鞋可预防冻伤。

3）防止滑倒。在摩擦力不大、有油的地面上工作时，穿好安全鞋可防止滑倒。

2. 防护眼镜

安全防护眼镜是一种起特殊作用的眼镜，使用的场合不同，所需的眼镜也不同。其作用主要是保护眼睛和面部免受紫外线、红外线和微波等电磁波的辐射，避免粉尘、烟尘、金属和砂石碎屑以及化学溶液溅射的损伤。每一个需要戴防护眼镜作业的工人，都应了解自己作业环境的有害因素，佩戴合适的安全防护眼镜，且不可乱戴。

防护眼镜的正确选用方法如图 1-5 所示。

■冲击物

推荐使用
- 防护眼镜或防护眼罩
- 全面具
- 正压式呼吸器配防护眼镜

■热—辐射/高温金属飞溅 熔炉作业/熔融金属灌注

推荐使用
- 金属丝网屏或热反射面屏配防护眼镜、防护眼罩或全面具
- 有热反射面屏的正压式呼吸器配防护眼镜

■热——火花/机械打磨

推荐使用
- 防护眼镜或防护眼罩
- 面屏配防护眼镜、防护眼罩或全面具
- 正压式呼吸器配防护眼镜

■粉尘

推荐使用
- 无通风口的防护眼罩
- 全面具或正压式呼吸器

■光辐射——强日光(室外作业)

推荐使用
- 防护眼镜、防护眼罩、全面具或带染色镜片的正压式呼吸器

不推荐使用
- 太阳眼镜

■化学物——飞溅

推荐使用
- 防液体飞溅的防护眼罩
- 全面具
- 正压式呼吸器配防护眼镜

图 1-5　防护眼镜的正确选用方法

3. 防尘口罩（图1-6）

防尘口罩与普通纱布口罩最大的不同就是防尘口罩内部以静电滤棉为滤料，利用静电吸附原理，能高效过滤呼吸性粉尘。另外，防尘口罩还带有可弯折鼻夹，以保证口罩与脸部的密合。

图1-6　防尘口罩

4. 防护耳塞

当工人每工作日（8h）所处的环境噪声超过等效连续A声级85dB时，应佩戴护耳器。

从事冲压等工作时必须佩戴防护耳塞，以达到降噪的效果来保护听力。子弹型防护耳塞经防污处理，能与耳道紧密贴实，最高可使噪声降低29dB。

防护耳塞的正确佩戴方法如图1-7所示。首先将手洗干净，一只手伸过头，将外耳向后上方提起，另一只手捏住耳塞尽量塞入耳道，直至密闭性良好。

图1-7　防护耳塞的正确佩戴方法

▶ 知识拓展——机械伤害的产生原因与预防措施

1. 机械伤害的产生原因

机械伤害主要是指机械设备的运动（静止）部件、工具、工件直接与人体接触而引起的夹击、碰撞、剪切、卷入、绞、碾、割、刺等形式的伤害。各类转动机械的外露传动部分（如齿轮、轴、履带等）和往复运动部分都有可能对人体造成机械伤害。

（1）人的不安全行为（图1-8）

1）操作失误。操作失误可能表现为两个方面：一是不熟悉机器的操作规程或操作不熟练；二是精神不集中或疲劳。

2）违反操作规程。主要表现在对安全操作规程不以为然，或因长时间操作没有发生过事故，为了图省事，不按安全操作规程的要求工作，结果酿成伤亡事故。

3）违反劳动纪律。主要表现在操作人员因为想"抢"时间、想早些

图1-8　人的不安全行为

完成任务或早下班，明知违反操作规程，却抱着侥幸心理违章操作，因一念之差铸成大错。

4）穿着不规范。主要表现在不按规定穿戴工作服和工作帽，或衣扣不整，或没系鞋带，结果常因衣角、袖口、头发或鞋带被机器绞住而发生事故。

5）违章指挥。主要表现在自己不熟悉安全操作规程，却命令别人违反操作规程操作车床；或同意让未经安全教育和技术培训的工人顶岗，这样就容易引发事故。

6）安全操作规程不健全。操作人员在操作时无章可循或操作规程不健全，以致安全工作不能得到落实。

7）误入危险区。危险区是指动机械设备可能对人产生伤害的部位。如压缩机的主轴连接部位等，如图1-9所示。

（2）设备不安全（图1-9）

1）机械结构设计不合理，或强度计算有误，或机械设备制造选材不当，或没有安全防护设施、保险装置及信号装置，或在安装上存在问题等，以致机械设备本身存在缺陷或运转不灵活。

2）机械设备的检修、维修保养不及时或检修质量差而存在不安全因素。

图1-9 机械设备常见危险部位

（3）操作环境不安全 操作人员如果在照明不好、通风不良、排尘排毒欠佳的环境下工作，则容易出现误操作行为。

2. 机械伤害事故的预防措施

（1）严格安全管理，健全动机械设备的安全管理制度 根据不同类型的机械设备的特点制定安全操作规程，具体内容如下：

1）动机械设备的工作原理、结构和各项技术性能指标。

2）主要零部件的规格、材料及使用条件。

3）安全操作方法和开停车时应注意的安全事项。

4）各类事故的处理方法。

5）各机械设备的重要防护部位和危险区域范围。

6）做好保养和定期维修工作。

（2）防止人的不安全行为

1）正确使用和维护防护设备。

2）不允许擅自拆卸动机械设备的防护设施。

3）转动部件未停稳时不要在该机械设备上进行任何操作。

4）不要擅自进入有危险的工作岗位和危险区域，必须按标准设置安全护栏和安全色标。

5）机械设备电气安全联锁装置如有失灵现象，必须及时停车检修。

6）机械设备不得超负荷运转。

7）转动部件上不要放置物件，以免开车时物件飞出而引发事故。

8）正确使用和穿戴个人劳动防护用品。

 试一试

1．简述正确穿戴工作帽与防护镜的方法。

2．简述正确佩戴防护耳塞的方法。

任务三　认识常见急救用品

▶ 工作任务

1．任务描述

了解常见急救用品的使用方法，能在发生事故时迅速处理并正确使用急救用品。

2．任务准备

辨识表 1-3 中所列图片，并将结果记录在表中。

表 1-3　辨识常见急救用品

序号	图　片	名　称	用　途
1			
2			

（续）

序号	图　片	名称	用　途
3			
4			
5			

▶ **任务实施**

1. 认识急救箱（图 1-10）

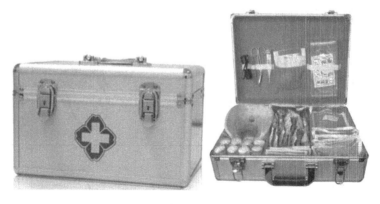

图 1-10　急救箱

当车间现场突发小事故时，为了能够快速、准确地进行救治，提供及时的帮助，在生产车间现场应放置急救箱。急救箱中一般应包含以下用品：绷带、消毒纱布、洗眼液、胶带、橡皮管、烧伤膏、医用棉球、一次性医用手套、医用镊子（医用剪刀）、消毒水等。同时，应设专门人员管理急救箱。

2. 常见急救用品（表 1-4）

表 1-4　常见急救用品

名称	图示	用途	名称	图示	用途
无纺布胶带		适用于手术绊伤，固定敷料和导管等的包扎和加固，粘贴舒适，揭除时无疼痛感	小黄柄剪刀		用于医用敷料、伤口处衣物、医用纱布等的裁剪
塑料镊子		用于帮助创口清理，使操作更卫生、更灵活便捷	不粘垫	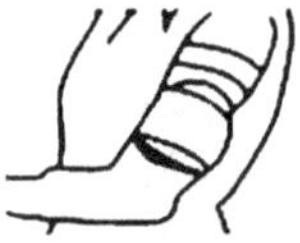	具有良好的吸收性和柔软性，能有效防止敷料与伤口揭离粘结，不会引起任何疼痛
无纺布块		用于伤口隔离，止血，吸血，吸液，及护创性能	一次性PVC手套		用于隔离油污、细菌，防滑、防尘，很好地保护了使用者的双手
无纺布三角绷带		用于包扎多种大面积伤口、人体不规则部位伤口，是适用面最广的包扎敷料	速冷冰袋		用于快速降温，减缓扭伤部位的疼痛，也可用于退烧
口对口呼吸器		用于人工呼吸，避免接触病者的口、鼻和面部，阻挡液体和分泌物	弹性绷带PBT		用于身体各部位的包扎固定护理
水银体温计	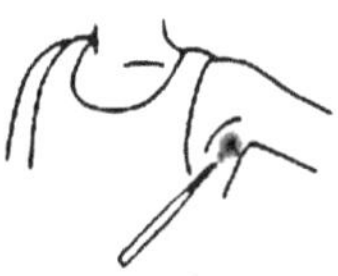	用它来测量温度，不仅比较简单直观，还可以避免外部远传温度计的误差	退烧贴		用于快速降温，发烧时贴在额头上可以退烧；也可减缓扭伤部位的疼痛
弹性创可贴		创可贴主要供小创口、擦伤等患处的外敷、护创，以及静脉输液针的固定和针孔保护	防水透气创可贴		创可贴主要供小创口、擦伤等患处的外敷、护创，以及静脉输液针的固定和针孔保护
酒精擦片		可用于皮肤、伤口周围、注射前消毒，以及经常触摸的物品的使用前清洁和消毒	清洁擦片		可用于皮肤、伤口周围的清洁，以及眼镜片、手机屏幕、计算机屏幕等的清洁

操作注意事项

1）使用急救用品前，应检查其质量、标签、失效期和编号，并清点数量。

2）给急救药前应向伤者询问有无过敏史，使用前要反复核对药品。

3）避免急救箱接触到化学物品等腐蚀性物质。

4）做好急救箱的检查和保养工作。

知识链接

1. 现场急救的处理步骤

1）迅速对周围环境和伤患情况进行判断。

2）立即呼叫紧急医疗救护人员。

3）进行现场急救。

4）注意保护自身的安全。

2. 紧急救护原则

1）先救命，后治伤。

2）预防传染，避免再度伤害，争取时间挽救生命，始终坚持尊重生命、以人为本的原则。

3. 常用急救方法

（1）止血带止血　止血带止血法适用于四肢大血管破裂出血多或经其他急救止血法止血无效者。常用止血带有气囊止血带和1m左右长的橡皮管，急救时可用布带、绳索、三角巾或毛巾替代止血带。使用止血带止血时应注意以下几点：

1）止血带必须扎在伤口的近心端。对于肘关节以下的伤口，应将止血带扎在上臂；对于膝关节以下的伤口，应将止血带扎在大腿上。

2）在使用止血带前，应先包一层布或单衣。

3）使用止血带前，应抬高患肢 2~3min，以增加静脉回心血流量。

4）应标记、注明使用止血带的时间，并每隔 45~60min 放松止血带一次，每次放松时间为 3~5min；松开止血带之前，应用手压迫出血动脉的近端。

5）扎止血带松紧要适宜，以出血停止、远端摸不到动脉搏动为好。

6）不可将电线、铁丝等用作止血带。

止血带止血法可分为橡皮管止血法和绞紧止血法。橡皮管止血法是指先在扎橡皮管部位垫一层布或单衣，用一只手的拇指、食指和中指持橡皮管头端，另一只手拉紧橡皮管绕肢体缠 2~3 圈，并将橡皮管末端压在缠紧的橡皮管下固定。

绞紧止血法如图 1-11 所示，先垫衬垫，再将带系在垫上绕肢体一圈并打结，在结下穿一根棒，旋转此棒使带绞紧至不流血为止，最后将棒固定在肢体上。

（2）急救包扎（图 1-12 和图 1-13）　包扎在急救中应用广泛，其主要目的是压迫止血，保护伤口，固定敷料，减少污染，固定骨折部位与关节，减少疼痛。常用的包扎材料有三角巾、多头带、绷带，也可用毛巾、手绢、布单、衣物等替代。

包扎时，动作要轻巧、迅速、准确，做到包住伤口、严密牢固、松紧适宜。

a) 绑紧布带　　　　　　b) 打活结，穿绞棒　　　　　　c) 绞紧

d) 固定绞棒　　　　　　e) 标时间

图 1-11　绞紧止血法

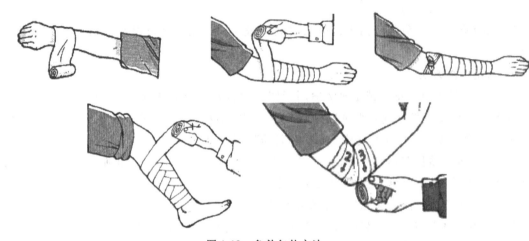

图 1-12　急救包扎方法一

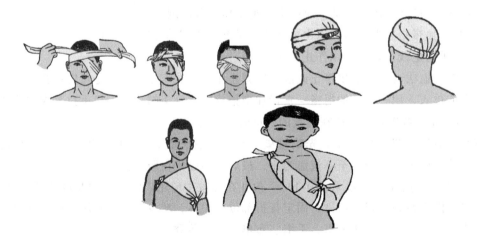

图 1-13　急救包扎方法二

包扎一般伤口时要注意以下几点：

1）迅速暴露伤口并检查，采取急救措施。

2）有条件者应对伤口进行妥善处理，如清除伤口周围的油污，用碘酒、酒精消毒皮肤等。

3）包扎材料，尤其是直接覆盖伤口的纱布应严格无菌，没有无菌材料时也应尽量用相对干净的材料覆盖伤口，如洁净的毛巾、衣服、布类等。

4）包扎不能过紧或过松。

5）为了保持肢体的功能位置，一般在包扎手臂时要弯着手臂包扎伤口，包扎腿部时则要直着腿绑。

（3）触电现场的自救与互救

1）触电时的处理方法。

① 脱离电源（图1-14）。

② 现场诊断。

③ 现场急救。

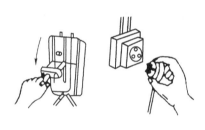
a) 迅速拉开刀开关或拔去电源插头

b) 用绝缘棒拨开触电者身上的电线

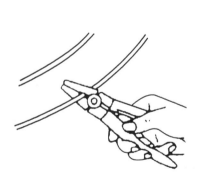
c) 切断电源回路

d) 用手拉触电者的干燥衣服(脚踏绝缘物)

图1-14　脱离电源的方法

2）在触电现场进行急救时的注意事项

① 及时、迅速地将触电人员身上妨碍呼吸的衣服全部解开。

② 迅速将触电人员口中的假牙或食物取出。

③ 如果触电者牙齿紧闭，须使其口张开，把下颚抬起，用双手的四指托住下颚并用力慢慢往前移动，使下牙移到上牙前。

④ 不能给触电人员打强心针，也不能向触电人员泼冷水。

4. 职业病与职业健康安全知识

（1）职业病与职业健康　职业病是指企业、事业单位和个体经济组织的劳动者在职业活动中，因接触粉尘、放射性物质和其他有毒、有害物质等而引发的疾病。

职业健康是对工作场所内产生或存在的职业性有害因素及其健康损害进行识别、评估、预测和控制的一门科学，其目的是预防和保护劳动者免受职业性有害因素所致的健康影响和危险，使工作适应劳动者，从而促进和保障劳动者在职业活动中的身心健康。

（2）劳动者享有的职业健康保护权利

1）享有教育权，依法获得职业卫生教育。

2）享有健康服务权，依法获得职业健康检查、职业病诊疗、康复等职业病防治服务。

3）享有知情权，即有权了解工作场所产生或者可能产生的职业危害因素、危害后果以及应当采取的职业病防护措施。

4）享有卫生防护权，有权要求用人单位提供符合预防职业病要求的职业病防护设施和个人使用的职业病防护用品，改善工作条件。

5）享有批评、检举、控告权，有权对违反职业病防治法律、法规以及危及生命健康的行为提出批评、检举和控告。

6）享有拒绝违章作业权，有权拒绝违章指挥和强令进行没有职业病防护措施的作业。

7）享有参与决策权，有权对用人单位的职业病防治提出意见和建议。

▶ **知识拓展——火灾逃生方法**

1）若火势不大，应尽快披上浸湿的质地较厚的衣服或毛毯、棉被从室内冲出去（图1-15a）。

2）不要留恋室内的财物，若已逃离室内火场，千万不要为财物而返回室内（图1-15b）。

3）在实训场所遇到火灾时应听从指挥，就近向安全门（安全通道）方向分流疏散撤离，千万不要惊慌拥挤，互相践踏，造成意外的伤亡（图1-15c）。

4）在烟火中逃生要尽量放低身体，最好是沿着墙角匍匐前进，并用湿毛巾或湿手帕等捂住口鼻（图1-15d）。

5）如果身上着火，千万不要奔跑，要尽快将火扑灭。应将着火的衣服迅速撕脱下来并浸入水中，或用脚踩灭，或用水、灭火器扑灭（图1-15e、f）。

6）来不及撕脱衣服时，可就地打滚，把火压灭（图1-15g）。

7）若逃生路线被封锁，应立即返回未着火的室内，关紧门窗，扯下窗帘，用床单、棉被等堵住门窗缝隙，有条件的可不断向靠火场一面的门窗上洒水降温（图1-15h）。

图 1-15　火灾现场逃生方法

h)

图 1-15　火灾现场逃生方法（续）

 试一试

1. 用三角巾练习不同受伤部位的包扎方法。
2. 讨论工作与健康的关系。

项目二

数控车削加工准备

认识数控车床

项目描述

数控车床具有加工灵活、通用性强、能适应产品品种和规格的频繁变化等特点，能够满足新产品的开发和多品种、小批量、生产自动化的要求，被广泛应用于机械制造业。因此，了解数控车床结构，熟悉车床操作面板上各功能键的作用，会使用数控车床创建及编辑数控加工程序，掌握数控车床的基本操作技能等是很有必要的。

CKA6140 数控车床（图 2-1）采用卧式车床布局，数控系统控制横（X）、纵（Z）两坐标方向的移动。床鞍及滑板的导轨均为滚柱直线导轨，具有较高的定位精度及稳定性。X 向、Z 向的最大快速移动速度可达 20m/min，能够对各种轴类和盘类零件自动完成内外圆柱面、圆锥面、圆弧面、端面、切槽、倒角等工序的切削加工，并能车削米制螺纹及英制直螺纹和管螺纹等。

图 2-1　CKA6140 数控车床

模块一　数控车床的简单操作

学习目标

1）熟悉数控车床操作面板上的各功能键的作用（以 FANUC 数控系统为例）。

2）能完成数控程序的编辑与校验。

3）能完成工件与刀具的安装。

4）掌握数控车削加工的对刀操作。

5）遵守数控车工操作规程与职业规范。

6）树立遵循规则的意识。

 **学习导入**

本模块由认识数控系统操作面板、数控程序的编辑与校验、工件与刀具的安装和对刀操作四个学习任务组成。这些都是数控专业学生及数控从业人员必须掌握的基本技能。而规范、细致地完成这些基本技能，也就是把好了产品质量的第一关。

任务一　认识数控系统操作面板

▶ **工作任务**

1. 任务描述

熟练进行数控车床的开机、关机等基本操作；熟悉采用 FANUC 0i Mate 系统数控车床的显示单元、MDI 键盘、刀具的位置显示，为之后的程序输入、编辑、参数设置等操作打下扎实的基础。

2. 任务准备

1）检查数控车床的防护门、电气柜门等是否关闭。

2）检查润滑装置中油标的液面位置。

3）检查切削液的液面是否高于水泵吸入口。

4）检查是否遵守了车床使用说明书中规定的注意事项。

 **任务实施**

数控车床开机

1. 开机

1）打开机床总电源，此时电源指示灯 亮。

2）按下系统启动按钮 。

3）在 CRT 显示屏出现 "NOT READY" 提示后释放急停按钮 。

4）当 "NOT READY" 提示消失后，开机成功。

2. 认识显示单元、MDI 键盘和刀具的位置显示

以 FANUC 0i Mate 数控系统为例，其操作面板如图 2-2 所示。

（1）字母/数字键　字母/数字键（图 2-3）用于输入数据到输入区域，系统自动判别取字母还是取数字。字母和数字键通过 "SHIFT"（上档）键切换输入，如 O—P、T—K。

（2）编辑键

ALTER 替换键：用输入的数据替换光标所在位置的数据。

DELETE 删除键：删除光标所在位置的数据，或者删除一个程序或全部程序。

INSERT 插入键：把输入区中的数据插入到当前光标之后的位置。

CAN 取消键：消除输入区内的数据。

EOB E 结束换行键：结束一行程序的输入并换行。

SHIFT 上档键。

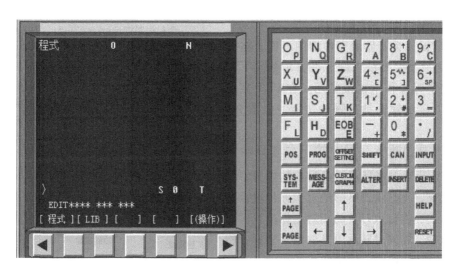

图 2-2　FANUC 0i Mate 数控系统操作面板

（3）页面类型切换键

PROG 程序显示与编辑页面。

POS 位置显示页面：位置显示有三种方式，用 PAGE 按键选择。

OFFSET/SETTING 参数输入页面：第一次按下该键进入坐标系设置页面，再次按下该键进入刀具补偿参数页面。进入不同的页面以后，用 PAGE 按键进行切换。

SYS-TEM 系统参数页面。

MESS-AGE 信息页面。

CUSTOM/GRAPH 图形参数设置页面。

HELP 系统帮助页面。

（4）翻页按键（PAGE）

PAGE↑ 向上翻页。

PAGE↓ 向下翻页。

（5）光标移动（CURSOR）键

↑ 向上移动光标。

↓ 向下移动光标。

← 向左移动光标。

→ 向右移动光标。

（6）输入键和复位键

INPUT 输入键：把输入区内的数据输入参数页面。

图 2-3　字母/数字键

[RESET]复位键。

（7）软键　为了显示更详细的画面，在按下功能键之后紧接着按软键（在显示单元下方一排），在实际操作中也很常用。在CRT显示器的最下方显示软键具有哪些功能，如图2-4所示。

（8）刀具的位置显示　按下位置显示键[POS]，CRT显示器上将显示刀具目前的位置。按【绝对】软键，将显示刀具的绝对坐标位置；按【相对】软键，将显示刀具的相对坐标位置；按【综合】软键，将同时显示刀具的绝对坐标、相对坐标、机械坐标位置，如图2-5所示。

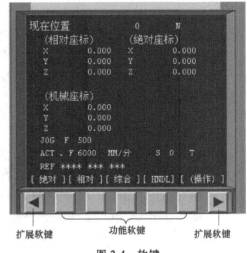

图2-4　软键

a)

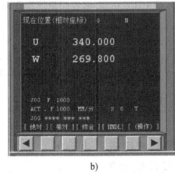

b)

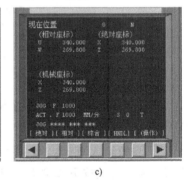

c)

图2-5　刀具的位置显示

3. 认识数控车床操作面板

数控车床操作面板如图2-6所示，主要用于控制车床的运动和选择车床运行状态，它由模式选择旋钮、数控程序运行控制按键等多个部分组成，各按键的功能见表2-1。

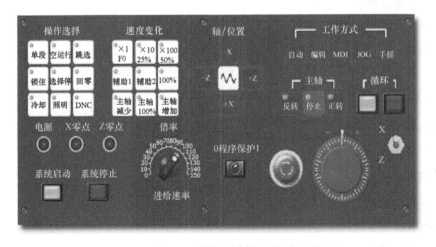

图2-6　数控车床操作面板

表 2-1　FAUNC 0i Mate 数控车床操作面板上各按键名称及功能

图标	名称及功能
自动	自动模式键(AUTO、MEM 键):进入自动加工模式
编辑	编辑模式键(EDIT 键):用于直接通过操作面板输入和编辑数控程序
MDI	MDI 模式键(手动数据输入键):可以手动输入 M、S、T 代码后,按循环启动键执行刚输入的程序,程序不被保存
JOG	JOG 模式键(手动模式键):手动连续移动各轴
手摇	HNDL 模式键(手轮进给键):按此键切换成摇动手轮移动各坐标轴
单段	单段执行键(SINGL):在自动加工模式和 MDI 模式下单段运行
空运行	空运行键:按下此键,各轴以系统设定速度(G00)运行
跳选	程序段跳选键:在自动模式下按下此键,跳过程序段开头带"/"的程序
锁住	车床锁开关键:按下此键,车床各轴被锁住
选择停	有条件选择程序暂停(M01)键
回零	回参考点键(REF 键):手动回车床参考点
冷却	切削液开关键:按下此键,切削液开
照明	车床照明键:按下此键,车床照明灯亮
DNC	计算机远程控制键
正转	车床主轴手动控制开关:在手动模式下按下此键,主轴正转
停止	车床主轴手动控制开关:在手动模式下按下此键,主轴停
反转	车床主轴手动控制开关:在手动模式下按下此键,主轴反转

(续)

图标	名称及功能
−X	X 轴负方向手动进给键
+X	X 轴正方向手动进给键
−Z	Z 轴负方向手动进给键
+Z	Z 轴正方向手动进给键
∿	快速进给键:手动方式下,同时按下此键和一个坐标轴点动方式键,坐标轴以快速进给速度移动
×1 F0	手轮进给方式时,"×1"表示手轮转过 1 小格,坐标轴移动 0.001mm 快速进给方式时,"F0"表示进给速度为 0
×10 25%	手轮进给方式时,"×10"表示手轮转过 1 小格,坐标轴移动 0.01mm 快速进给方式时,"25%"表示进给速度为默认值的 25%
×100 50%	手轮进给方式时,"×100"表示手轮转过 1 小格,坐标轴移动 0.1mm 快速进给方式时,"50%"表示进给速度为默认值的 50%
100%	自动进给方式时,"100%"表示进给速度为设定值
主轴 100%	按下此键,主轴以设定转速或默认转速旋转
主轴 减少	按下此键,主轴转速逐步降低
主轴 增加	按下此键,主轴转速逐步提高
系统启动	系统启动按钮:按下此按钮,打开系统电源
系统停止	系统停止按钮:按下此按钮,关闭系统电源
循环	左为循环启动按钮:模式选择为"自动"时按下此按钮,则自动加工程序,其余时间无效
	右为进给保持按钮:程序运行时按下此按钮,暂时中断进给的功能
电源	电源指示灯:车床总电源开,则此灯亮

（续）

图标	名称及功能
 X零点	X 零点指示灯：此灯亮，表示 X 轴完成回参考点操作
 Z零点	Z 零点指示灯：此灯亮，表示 Z 轴完成回参考点操作
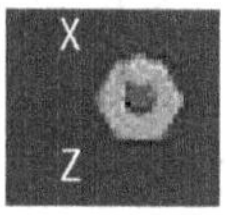 X Z	进给轴选择开关：手动或手轮进给方式下，用于选择坐标轴
 0程序保护1	程序编辑开关：置于"1"位置时，可编辑程序
	紧急停止按钮：按下此按钮，可使车床和数控系统紧急停止工作，旋转可将其释放
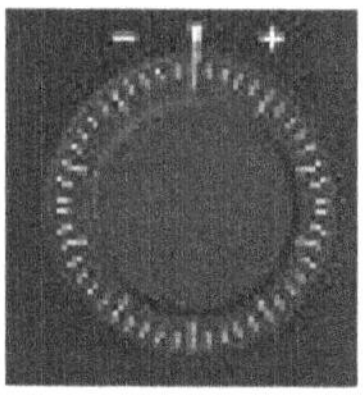 − ⏐ +	手摇脉冲发生器：先选择进给轴，再选择增量步长（×1、×10、×100），转动手摇脉冲发生器，即可移动选定坐标轴
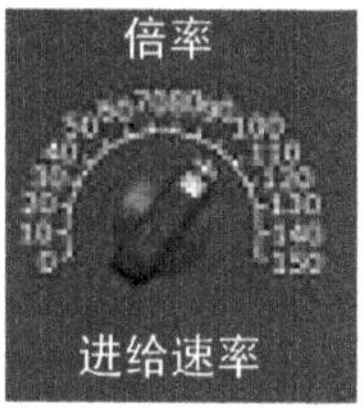 倍率 进给速率	进给速度倍率旋钮：手动或自动进给方式下，可调节进给速度

4. 关机

1）按下急停按钮 。

2）按下系统停止按钮  ，此时 CRT 显示器关闭。

3）关闭机床总电源开关，此时机床电源指示灯 不亮。

▶ **操作注意事项**

1）开机操作注意事项：在开机前，应先检查机床润滑油是否充足，电气柜的柜门是否关好，操作面板上的各按键是否处于正常位置，否则有可能影响机床正常开机。

2）按下系统启动按钮，在 CRT 显示器上应出现机床的初始位置坐标。

3）检查安装在机床后面的总压力表，若表头读数为"5kg"，则说明系统压力正常，可以进行后面的操作。

4）关机操作注意事项：关机后应立即进行加工现场及机床的清理与保养。

 **知识链接**

数控车床安全操作规程

为了正确合理地使用数控车床，保证其正常运转，必须制定比较完善的数控车床操作规程，通常包括以下内容：

1）车床通电后，检查各开关、按钮、按键是否正常、灵活，车床有无异常现象。

2）检查电压、气压、油压是否正常（需手动润滑的部位要进行手动润滑）。

3）检查各坐标轴是否回参考点，限位开关是否可靠。若某轴在回参考点前已在参考点位置，应先将该轴沿负方向移动一段距离后，再手动回参考点。

4）车床开机后应空运转 5min 以上，使车床达到热平衡状态。

5）装夹工件时应定位可靠，夹紧牢固，检查所用螺钉、压板是否妨碍刀具运动，以及零件毛坯尺寸是否有误。

6）数控刀具应选择正确，夹紧牢固，应根据工序要求，依次将刀具装入刀库。

7）首件加工应采用单段程序切削，并随时注意调节进给倍率来控制进给速度。

8）试切削和加工过程中，在刃磨刀具、更换刀具后，一定要重新对刀。

9）加工结束后应清扫车床并加防锈油。

10）停机时，应将各坐标轴停在中间位置。

 试一试

1. 简述数控车床开机、关机的注意事项。

2. 简述数控车床的各种加工模式及功能。

任务二　数控加工程序的编辑与校验

 **工作任务**

1. 任务描述

通过本任务的学习，能手动创建和输入数控加工程序，并能对数控程序进行复制、删除等编辑操作。运用数控车床上的锁住机床、锁住辅助功能、空运行、单段运行等功能，通过控制进给倍率和快速移动倍率，更快、更好地完成数控程序的校验。

2. 任务准备

1）采用 FANUC 0i Mate 数控系统的数控车床。

2）简单的零件数控车削加工程序。

3）掌握程序编辑键的使用方法。

4）了解不同工作模式的含义。

任务实施

1. 使用 MDI 面板创建程序

1）选择"编辑"工作模式[编辑]。

2）按程序键[PROG]，显示程序画面或程序目录画面，如图 2-7 所示。

3）输入新程序名，如"O0002"。

4）按插入键[INSERT]，再按换行键[EOB E]、插入键[INSERT]。

5）换行后继续输入程序，如"T0101"，再按换行键[EOB E]、插入键[INSERT]，如图 2-8 所示，直到将程序输入完毕。

6）按取消键[CAN]可依次删除最后一个字符。

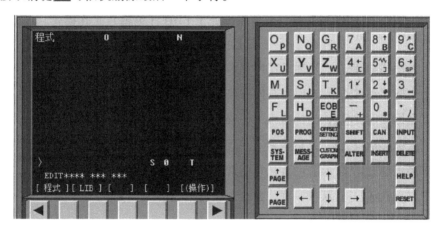

图 2-7　程序画面

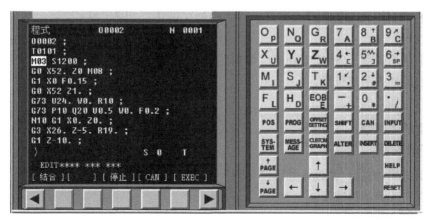

图 2-8　程序编辑画面

2. 程序的查找、打开和删除

（1）程序的查找与打开

1）按下编辑键[编辑]或自动键[自动]，使机床处于"编辑"或"自动"工作模式。

2）按下程序键[PROG]，显示程序画面。

3）输入要打开的程序名，如"O0001"。

4）按下光标移动键[↑] [↓] [←] [→]或按［O 检索］软键，便可打开该程序。

（2）程序的删除

1）按下编辑键[编辑]，使机床处于"编辑"工作模式。

2）按下程序键[PROG]，显示程序画面。

3）输入要删除的程序名。

4）按下删除键[DELETE]，即可把该程序删除掉。

如果输入"0~9999"，再按删除键[DELETE]，则可删除所有的程序。

3. 程序中字的查找、插入、替换和删除

（1）字的查找　打开某一程序，并使系统处于 EDIT（编辑）工作模式。

方法一：

1）按下光标移动键[→]，光标自左向右移动，直到光标显示在所选的字上。

2）按下光标移动键[←]，光标自右向左移动，直到光标显示在所选的字上。

3）按下光标移动键[↑]，光标检索上一程序段的第一个字。

4）按下光标移动键[↓]，光标检索下一程序段的第一个字。

5）按下翻页键[PAGE]，显示前一页，并检索该页中的第一个字。

6）按下翻页键[PAGE]，显示下一页，并检索该页中的第一个字。

方法二：

1）输入要查找的字，如"M03"。

2）按下【检索↑】软键向上查找，直到光标停留在"M03"处。

3）按下【检索↓】软键向下查找，直到光标停留在"M03"处。

（2）字的插入

1）按下编辑键[编辑]，使机床处于"编辑"工作模式。

2）查找要插入字的位置。

3）输入要插入的字。

4）按下插入键[INSERT]。

（3）字的替换

1）按下编辑键[编辑]，使机床处于"编辑"工作模式。

2）查找将要被替换的字。

3）输入替换的字。

4）按下替换键[ALTER]。

（4）字的删除

1）按下编辑键[编辑]，使机床处于"编辑"工作模式。

2）查找将要被删除的字。

3）按下删除键 <kbd>DELETE</kbd> 即可删除。

4. 程序段的删除

1）按下编辑键 <kbd>编辑</kbd>，按下程序键 <kbd>PROG</kbd>，按下【操作】软键。

2）输入要删除的程序段地址 "N××××"。

3）按下【检索↑】或【检索↓】软键，找到该程序段。

4）重复按下删除键 <kbd>DELETE</kbd>，删除一段或多段程序。

5. 程序校验

（1）锁住机床

1）按下机床操作面板上的机床锁开关键 <kbd>锁住</kbd>。

2）切换到按下自动键 <kbd>自动</kbd>，"自动"工作模式。

3）按下 <kbd>CUSTOM GRAPH</kbd> 键，切换到图形参数设置页面。

4）按下【图形】软键。

5）按下循环启动按钮 <kbd>循环</kbd> 运行程序，CRT 显示器上能看到刀具运行的模拟轨迹。此时刀具不移动，但是显示器上每根轴的运动位置在发生变化，就像刀具在运动一样。

6）将模拟轨迹与零件图样进行比较，来判断该数控加工程序的正确性。

说明：有些数控车床的每根轴都有机床锁住功能。在这种数控车床上，按下机床锁住开关键，可选择将要锁住的轴。

（2）锁住辅助功能

1）按下机床操作面板上的辅助功能锁住开关，此时 M、S 和 T 代码无效，不被执行。

2）切换到"自动"工作模式。

3）按下 <kbd>CUSTOM GRAPH</kbd> 键，切换到图形参数设置页面。

4）按下【图形】软键。

5）按下循环启动按钮 <kbd>循环</kbd> 运行程序，CRT 显示器上能看到刀具运行的模拟轨迹。

6）将模拟轨迹与零件加工图进行比较，来判断该数控加工程序的正确性。

（3）控制进给倍率

1）切换到"编辑"模式，按下复位键 <kbd>RESET</kbd>，使程序复位。

2）将进给倍率调为 "0"。

3）切换到"自动"工作模式，按下循环启动按钮 <kbd>循环</kbd>。

4）将进给倍率设定为需要的数值。

5）程序运行结束后，将进给倍率调回 "0" 位。

（4）控制快速移动倍率

1）切换到"编辑"模式，按下复位键 <kbd>RESET</kbd>，使程序复位。

2）将快速移动倍率调到 "F0"。

3）切换到"自动"工作模式，按下循环启动按钮 <kbd>循环</kbd>。

4）将快速移动倍率设定为需要的数值。

5）程序运行结束后，将快速移动倍率调回 "F0" 位。

（5）空运行

1）切换到"编辑"模式，按下复位键 ![RESET]，使程序复位。

2）锁住机床。

3）点亮 ![空运行] 灯。

4）切换到"自动"模式。

5）按下 ![CUSTOM GRAPH] 键，切换到图形参数设置页面。

6）按下【图形】软键，按下循环启动按钮 ![循环启动]。

7）程序运行结束后，按下 ![空运行] 键，将灯熄灭。

（6）程序单段运行

1）在"编辑"模式下，按下复位键 ![RESET]，使程序复位。

2）点亮单段指示灯 ![单段]，使单段运行功能有效。

3）切换到"自动"工作模式，按下循环启动按钮 ![循环启动]，执行一段程序然后机床停止，再次按下循环启动按钮 ![循环启动]，再执行一段程序然后机床停止。重复此操作，直至加工完成。

▶ 操作注意事项

1）为程序命名时，不能与已有的程序同名。

2）不可以随意删除程序，特别是机床的内部固定程序。

3）禁止修改机床参数。

4）不允许随意进入不熟悉的数控程序界面进行乱操作。

5）机床锁住运行程序后，必须进行回参考点操作。

6）在切削螺纹期间，进给倍率无效，并且保持由程序指定的进给速度。

7）空运行必须结合机床锁住功能使用，以免发生撞刀等现象。

▶ 知识链接

程序的复制、移动

1. 程序的复制

1）按下编辑键 ![编辑]，使机床处于"编辑"模式。

2）按下程序键 ![PROG]，显示程序画面。

3）按下【操作】软键。

4）按下菜单扩展键。

5）按下【EX-EDT】软键。

6）检查复制的程序是否已经被选择，并按下【COPY】软键。

7）按下【ALL】软键。

8）输入新的程序号（只输入数字，不输入"O"）并按下输入键 ![INPUT]。

9）按下【EXEC】软键。

2. 程序的移动

1）将工作模式设置为"编辑"或"自动"模式。

2）按下程序键，显示程序画面。

3）按下【操作】软键。

4）按下菜单扩展键。

5）按下【EX-EDT】软键。

6）检查程序画面中将要移动的程序是否被选中并按下【MOVE】软键。

7）将光标移动到要复制范围的开头，按下【CRSR】软键。

8）将光标移动到要复制范围的末尾，按下【CRSR】软键。

9）输入新的程序号并按下输入键。

10）按下【EXEC】软键。

▶ 任务拓展

在机床锁住状态下运行程序后，刀具的实际位置与系统坐标系显示的位置是不一致的。在这种情况下，必须进行回参考点操作，以重新建立工件坐标系和机床坐标系之间的位置关系。

当在程序中指定进给速度为 100mm/min 时，如果设定进给倍率为 50%，则机床实际上按 50mm/min 的速度移动。

试一试

1. FANUC 数控系统中数控程序的创建和编辑通常是在什么工作模式下进行的？

2. 练习手动输入和编辑数控加工程序。

3. 利用进给倍率、快速移动倍率开关调节刀具移动速度。

任务三　工件与刀具的安装

▶ 工作任务

1. 任务描述

在数控车床上装夹工件的方法与普通车床基本相同。除一般轴类零件用自定心卡盘直接装夹外，对于一些特殊零件，必须合理选择装夹方法，否则将给零件的加工质量带来负面影响，导致不能发挥数控车床高精度加工的优越性。根据加工要素和加工要求，合理选择刀具并正确安装刀具，对零件的加工精度起着至关重要的作用。

2. 任务准备

1）CK6140 数控车床。

2）自定心卡盘、单动卡盘等。

3）数控车削刀具。

▶ 任务实施

1. 轴类零件的安装

工件的安装是否正确可靠，直接影响着生产率和加工质量，应给予足够的重视。

(1) 自定心卡盘装夹　自定心卡盘可以自动定心，装夹后一般不用找正，装夹方便迅速，且夹紧力小。工件长度较短的轴类零件可以直接用它装夹，这是最常见的一种装夹方法。自定心卡盘可装成正爪或反爪两种形式，正爪适合装夹外形规则的中、小型工件，如图2-9a 所示；反爪用来装夹直径较大的工件，如图 2-9b 所示。

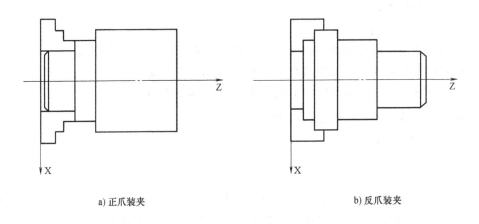

a) 正爪装夹   b) 反爪装夹

图 2-9　自定心卡盘装夹工件的方式

装夹较长的工件时，由于工件离卡盘夹持部分较远处的回转中心不一定与车床主轴的回转中心重合，这时必须进行找正。当自定心卡盘使用时间较长，已失去应用精度，而工件的加工精度要求又较高时，也需要找正。总的要求是使工件的回转中心与车床主轴的回转中心重合。

(2) 单动卡盘装夹　单动卡盘的夹紧力大，它的四个卡爪是单独运动的，因此需要进行找正，使工件的回转中心和车床主轴的回转中心重合后才能开始工作。单动卡盘适合装夹形状不规则或直径较大的工件。

(3) 两顶尖装夹　两顶尖装夹方式适用于装夹较长的工件或必须经过多次装夹才能加工好的工件（如长轴、长丝杠），以及工序较多且装夹精度要求较高的工件。

在工件的两端钻中心孔，在主轴及尾座上装上顶尖，将工件顶紧在两顶尖之间，然后由鸡心夹传递转矩带动工件旋转，如图 2-10 所示。这种装夹方法需要使用中心孔，但由于中心孔与顶尖的接触面积小，故承受的切削力小。

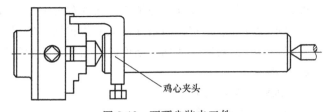

鸡心夹头

图 2-10　两顶尖装夹工件

两顶尖装夹方式装夹方便，不需要找正，装夹精度高，但其刚度低，影响了切削量的提高。

(4) 一夹一顶装夹　将工件的一端装夹在卡盘上，另一端顶在尾座的顶尖上。这种装夹方法可以承受较大的切削力，适用于较重或较长工件的装夹。采用这种方法时，可以安装一限位支承，如图 2-11 所示，或者利用工件上的台阶进行限位，如图 2-12 所示。

（5）卡盘、中心架、跟刀架、顶尖装夹　此方法适用于长径比较大的轴件的装夹。长径比较大的轴件，刚性较差，所以需要在其中间辅以支承，以增大系统的刚度。

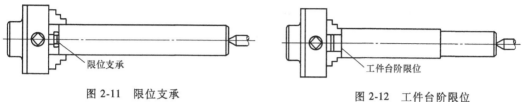

图 2-11　限位支承　　　　　　　　　　　图 2-12　工件台阶限位

2. 盘类零件的安装

盘类零件有同轴度和垂直度等位置公差和方向公差要求，为保证其精度，通常采用以下几种装夹方法。

（1）按工序集中原则一次装夹　在加工数量少、精度要求高的零件时，在毛坯上留有一定的装夹余量，采用工序集中原则一次装夹，将工件全部或大部分关键表面加工完毕，以保证加工要求。

（2）以内孔为基准装夹　当盘类零件的外圆面形状复杂而内孔相对比较简单时，可以按要求先加工完内孔，再按内孔的要求配置心轴，以内孔为定位基准在心轴上加工盘类零件，以保证加工要求。常用的心轴有圆柱心轴、圆锥心轴、阶梯心轴和胀力心轴等。

（3）以外圆为基准装夹　当盘类零件的内孔形状复杂而外圆面相对比较简单时，可以按要求先加工完外圆面，再以外圆为装夹基准进行加工，以保证加工要求。用软卡爪或弹簧夹头装夹已加工表面，不仅不会夹伤零件，还可以有效缩短工件的装夹和找正时间。

3. 刀具的安装

（1）刀具的选择　在实际生产中，主要根据数控车床回转刀架的刀具安装尺寸、工件材料、加工类型、加工要求及加工条件等，从刀具样本中查表选择数控车刀其步骤大致如下：

1）确定工件材料和加工类型（外圆、孔或螺纹）。

2）根据粗、精加工要求和加工条件确定刀片的材料牌号和几何槽形。

3）根据刀架尺寸、刀片类型和尺寸选择刀柄。

（2）安装刀具　安装刀具时，刀具的伸出部分不宜过长，一般为刀柄高度的 1~1.5 倍，否则切削时会产生振动；车刀刀尖应与工件的回转轴线等高。

▶ 操作注意事项

1. 使用一夹一顶和两顶尖装夹工件时的注意事项

1）后顶尖的中心线应与车床主轴轴线重合，否则易产生锥度。

2）尾座套管尽量伸出得短些，以增加刚度。

3）中心孔的形状应正确，表面粗糙度值要小。

4）在中心孔内加入润滑脂，以防止温度过高而损坏顶尖或中心孔。

5）顶尖与中心孔配合的松紧度必须合适。

2. 实训过程中安装工件与刀具的注意事项

1）安装工件时，工件的伸出长度必须能够满足加工要求。

2）工件安装完后，使主轴低速旋转，检查工件有无偏摆。若有偏摆，应完成找正工作，以确保机床主轴回转中心和工件回转中心重合。

3）安装刀具前，应保证刀杆及刀片定位面清洁、无损伤。

4）将刀杆安装在刀架上时，应保证刀杆方向正确。

5）安装刀具时，刀尖应与工件的回转中心等高。

 **知识链接**

工件找正的常用方法

1. 目测法

将工件装夹在卡盘中并使其旋转，观察工件跳动情况，找出最高点，用重物敲击最高点；再旋转工件，观察工件跳动情况，再敲击最高点，直至工件找正为止，最后把工件夹紧。其基本程序如下：工件旋转→观察工件跳动→找出最高点→找正→夹紧。一般要求最高点和最低点的差值在 0.5～1mm 以内。

2. 使用划针盘找正

车削余量较小的工件可以利用划针盘找正。操作方法如下：工件装夹后（不可过紧），用划针对准工件外圆并留有一定的间隙，转动卡盘使工件旋转，观察旋转过程中划针与工件圆周面的间隙，调整最大间隙和最小间隙，使其达到间隙均匀一致，最后将工件夹紧。此方法的找正精度一般为 0.15～0.5mm。

3. 开车找正法

在刀架上装夹一个刀杆（或硬木块），将工件装夹在卡盘上（不可用力夹紧），开车使工件旋转，刀杆向工件靠近，直至把工件靠正，然后夹紧工件。此方法较为简单、快捷，但必须注意工件的夹紧程度，不可太紧也不可太松。

 试一试

按表 2-2 的要求完成工件与刀具的安装。

表 2-2　工件与刀具的安装要求与标准

考核项目	序号	考核内容与要求	配分	评分标准	自检	他检
工件的安装	1	工件回转中心与主轴轴线是否重合	5	工件的偏斜不得分		
	2	工件的安装是否牢固	5	工件的松动不得分		
	3	工件的伸出长度是否合适	5	工件伸出过长不得分		
	4	夹紧力大小是否合适	5	夹紧力大小不合适不得分		
	5	工件是否有跳动	5	工件跳动不得分		
	6	工件旋转时是否产生振动	5	工件振动不得分		
刀具的安装	1	刀片的选择是否正确	5	刀片的选择不正确不得分		
	2	刀杆的选择是否正确	5	刀杆选择不正确不得分		
	3	刀片的安装是否正确	5	刀片安装不正确不得分		
	4	刀杆的安装是否正确	5	刀杆安装不正确不得分		
	5	刀垫的安装是否正确	5	刀垫安装不正确不得分		

（续）

考核项目	序号	考核内容与要求	配分	评分标准	自检	他检
刀具的安装	6	刀具的伸出长度是否合理	5	刀具伸出过长不得分		
	7	刀尖高度是否合理	5	刀尖过高或过低不得分		
	8	刀具的安装是否合理	5	刀具安装偏斜不得分		
	9	刀具是否产生干涉	5	刀具产生干涉不得分		
安全操作规范	1	工件的安装操作是否规范	10	操作不规范不得分		
	2	刀具的安装操作是否规范	15	操作不规范不得分		

任务四　对　刀　操　作

对刀操作

▶ 工作任务

1. 任务描述

加工如图 2-13 所示的阶梯轴，要求以工件右端面的中心点为原点建立工件坐标系并设定相关参数。

2. 任务准备

1）打开电源，使系统运行。

2）根据加工要求完成工件的装夹。

3）刀具的选用和安装：选用 93°外圆车刀，刀尖半径为 0.4mm，安装在 1 号刀位。

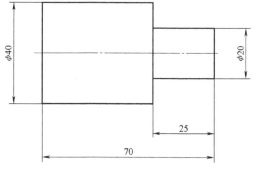

图 2-13　阶梯轴

▶ 任务实施

1. 手动回参考点

1）选择"回零"工作模式。

2）按下 X 轴正方向键 +X ，选择 X 轴"+"方向，直到"X 零点"指示灯亮，表明 X 向回零到位。

3）按下 Z 轴正方向键 +Z ，选择 Z 轴"+"方向，直到"Z 零点"指示灯亮，表明 Z 向回零到位。

2. 手动连续进给

1）选择"手动工作模式" JOG 。

2）分别按下各轴选择键 X +X -Z +Z ，即可使机床向"各按键中"相应轴和方向连续进给。

3）若同时按下快速移动键，则可快速进给。

4）"手动"模式的进给速度可以通过其"进给速度倍率"旋钮进行调节。

5）分别按下各轴选择键 X +X -Z +Z 的同时按下快速进给键 ，刀具会以快速进给速度移动。在快速移动过程中，由快速移动倍率决定快速移动速度。

3. 增量进给

在"增量"模式下，按机床操作面板上的进给轴和方向选择键，机床在所选择的轴向上移动一步。机床移动的最小距离是最小输入增量，每一步可以是最小输入增量的 10 倍、100 倍或 1000 倍。当没有手摇脉冲发生器时，此方式比较有效。图 2-14 为"增量"方式下的刀具移动示意图，具体操作步骤如下：

1）选择增量模式。

2）用倍率开关选择每步移动的距离。

3）按下进给轴和方向选择键，机床沿所选择的方向移动。每按下一次键，就移动一步。其进给速度与手动连续进给速度相同。

4）在按下进给轴和方向选择键的同时按下快速进给键，机床将按快速进给速度移动，此时快速移动倍率有效。

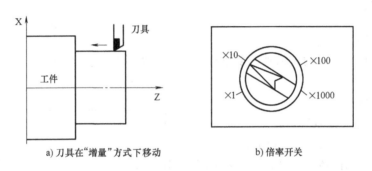

a) 刀具在"增量"方式下移动　　　　　　b) 倍率开关

图 2-14　"增量"方式下的刀具移动示意图

▶ 操作注意事项

1）当机床采用增量式测量系统时，一旦机床断电，数控系统就失去了对参考点坐标的记忆。故当再次接通数控系统的电源时，操作者必须首先进行回参考点的操作。

2）机床在操作过程中如果遇到急停信号或超程报警信号，待故障排除后恢复工作时，则必须进行回机床参考点的操作。

4. 手轮进给

在"手轮进给"模式下，可通过转动机床操作面板上的手摇脉冲发生器控制车床连续不断地移动，并可选择要移动的轴。

1）选择"手轮进给"工作模式。

2）通过进给轴选择开关 ，选择一个机床要移动的轴。

3）选择手轮进给倍率值，选择机床移动倍率，当手摇脉冲发生器转过一个刻线时，机床移动的最小距离等于最小输入增量。

4）转动手轮，机床沿所选择的轴移动。手轮旋转 360°，机床移动距离相当于 100 个刻线的距离。

5. 试切对刀建立工件坐标系

（1）X 轴试切对刀操作　操作过程如图 2-15 所示。

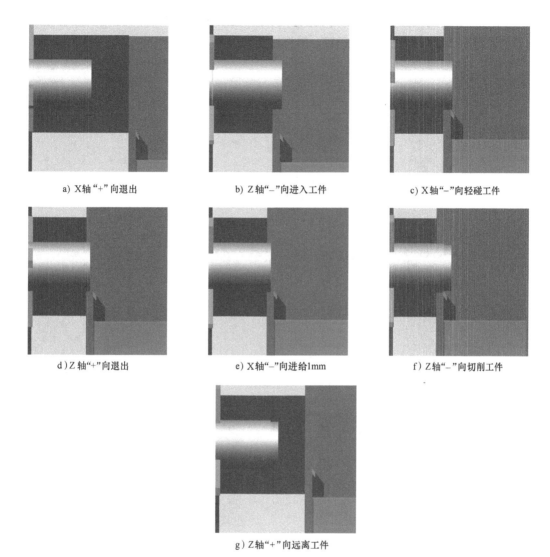

a）X轴"+"向退出　　　　b）Z轴"-"向进入工件　　　　c）X轴"-"向轻碰工件

d）Z轴"+"向退出　　　　e）X轴"-"向进给1mm　　　　f）Z轴"-"向切削工件

g）Z轴"+"向远离工件

图2-15　X轴试切对刀操作过程

（2）工件 X 轴坐标系设定

1）主轴停转。

2）用游标卡尺测量工件试切部位的直径值。

3）用外径千分尺多次测量工件试切部位的直径值。

4）比较两直径值应基本一致，并以外径千分尺测量值为准。

5）按下参数键 。

6）按下【补正】软键，再按下【形状】软键，出现图2-16所示界面。

7）将光标移动到番号为"01"的 X 数据处。

图2-16　坐标系设定界面

8）输入"X（直径值）"，按下【测量】软键，完成 X 轴对刀。

（3）Z 轴试切对刀操作　主轴正转，操作过程如图 2-17 所示。

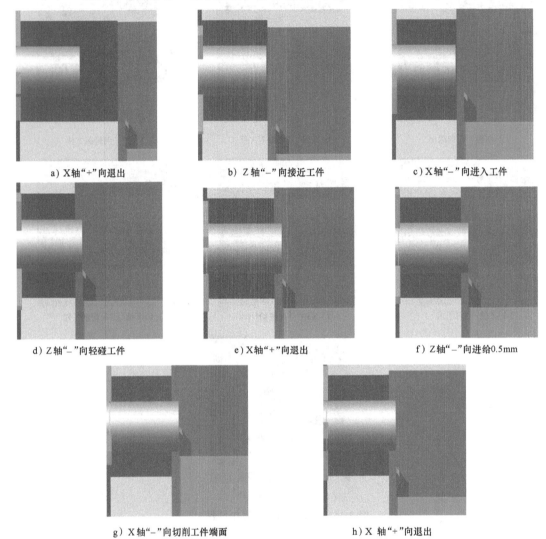

a）X 轴"+"向退出　　　　b）Z 轴"−"向接近工件　　　　c）X 轴"−"向进入工件

d）Z 轴"−"向轻碰工件　　　　e）X 轴"+"向退出　　　　f）Z 轴"−"向进给0.5mm

g）X 轴"−"向切削工件端面　　　　h）X 轴"+"向退出

图 2-17　Z 轴试切对刀操作过程

（4）工件 Z 轴坐标系设定

1）主轴停转。

2）按下参数键 。

3）按下【补正】软键，再按下【形状】软键。

4）将光标移动到番号为"01"的 Z 数据处。

5）输入"Z0"，按下【测量】软键，完成 Z 轴对刀。

6. 工件坐标系检验（通常称为验刀）

1）刀具远离工件。

2）选择"MDI"工作模式，按下程序键 。

3）输入以下程序段：

O0000；

T0101；

M03 S800；

G00 X50. Z10. ；

M30；

4）按下循环启动按钮，运行测试程序。

5）程序运行结束后，观察刀具实际位置与设定位置是否基本一致。

6）刀具远离工件，以免因后续误操作而造成撞刀。

7. 刀尖圆弧半径补偿值设定

1）按下参数键 ■。

2）按下【补正】软键，再按下【形状】软键。

3）将光标移动到番号为"01"的 R 数据处，输入"0.4"，按下【输入】软键，完成刀尖圆弧半径补偿值的设定。

4）将光标移动到番号为"01"的 T 数据处，输入"3"，按下【输入】软键，即刀尖圆弧半径补偿位置是在"3"号位，如图 2-18 所示。

8. 磨耗设定

1）按下参数键 ■。

2）按下【补正】软键，再按下【磨耗】软键。

3）将光标移动到番号为"01"的 X 数据处，输入"–0.02"，按下【输入】软键，完成 X 坐标磨耗值的设定，如图 2-19 所示。用同样的方法设定 Z 坐标磨耗值。

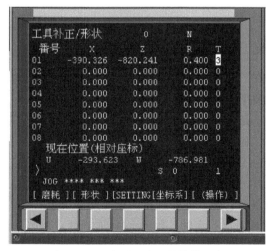

图 2-18　刀尖圆弧半径补偿值设定

图 2-19　磨耗设定

▶ **操作注意事项**

1）X 方向对刀时，试切完成后，在设定 X 坐标系前，X 轴不能移动。

2）Z 方向对刀时，试切完成后，在设定 Z 坐标系前，Z 轴不能移动。

3）当刀具离工件较远时，刀具可做快速进给运动；当刀具接近工件时，进给倍率要低；当刀具轻碰工件时，必须在"手轮进给"模式下进给，并且要用"×1"档速度。

4）在移动轴进给操作中，必须做到"心到手到"，即首先明确当前所处工作模式，然后选择合适的进给倍率，再弄清是"+"向还是"－"向移动，最后进行操作。

5）输入 X、Z、R 值数据时，如果是整数，则在数值后面必须加小数点。例如，当 X 轴坐标值为 50 时，必须输入"X50."。

▶ **知识链接**

1. 利用相对位置检测系统回参考点

FANUC 数控系统利用相对位置检测系统实现参考点的返回。当数控车床在"手动"或"自动"模式下回参考点时，返回轴以正方向快速移动，当挡块碰到参考点减速开关时，开始减速运行；当挡块离开参考点接近开关时，继续回参考点减速移动。当走到相对编码器的零位时，返回轴电动机停止工作，并将此零点作为机床的参考点。

2. 程序回参考点

（1）指令　G28。

（2）格式　G28 U0 W0。

（3）操作步骤

1）开机。

2）以"手动"或"手轮进给"方式，将"X"轴和"Z"轴往"－"向移动一定距离。

3）切换到"MDI"工作模式，按下程序键 [PROG]。

4）输入"G28 U0 W0"。

5）按下循环启动按钮 [▷]，机床回参考点。

▶ **知识拓展——数控车床对刀的目的**

对刀是数控加工中的主要操作和重要技能。在一定条件下，对刀精度可以决定零件的加工精度，同时，对刀效率还直接影响着数控加工效率。

一般来说，零件的数控加工编程和在机床加工是分开进行的。数控编程人员根据零件的设计图样，选定一个方便编程的坐标系及其原点，称为程序坐标系和程序原点。程序原点一般与零件的工艺基准或设计基准重合，因此又称为工件原点。

数控车床通电后，需要先进行回零（参考点）操作，其目的是建立数控车床进行位置测量、控制、显示的统一基准，该点就是机床原点，它的位置由机床位置传感器决定。由于机床回零后，刀具（刀尖）的位置距离机床原点是固定不变的，因此，为便于对刀和加工，可将机床回零后刀尖的位置看作机床原点。

如图 2-20 所示，O 是程序原点，O′是机床回零后以刀尖位置为参照的机床原点。编程人员按程序坐标系中的坐标数据编制刀具（刀尖）的运行轨迹。由于刀尖的初始位置（机床原点）与程序原点存在 X 向偏移距离和 Z 向偏移距离，使得实际的刀尖位置与程序指令的位置有同样的偏移距离，因此，须将该距离测量出来并设置进数控系统，使系统据此调整刀尖的运动轨迹。

所以，对刀的目的就是测量程序原点与机床原点之间的偏移距离，并设置程序原点在以刀尖为参照的机床坐标系里的坐标，即建立工件坐标系。

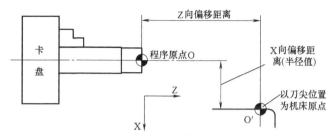

图 2-20　程序原点与机床原点的位置关系

 试一试

1. 在"手动"工作模式下，以设定程序的方式进行回参考点练习。

2. 根据要求配合各倍率开关，分别在"手动""连续""增量""手轮进给"模式下移动各轴。

3. 用试切法建立工件坐标系。

模块二　数控车床的维护

 **学习目标**

1）能够进行数控车床的日常维护及保养。

2）能够进行数控系统的日常维护。

3）懂得机床保养的重要性，培养安全、规范的职业素养。

4）感受计算机技术对工业生产的巨大影响力。

学习导入

坚持做好数控车床的日常维护保养工作，可以延长机床元器件的使用寿命，延长机械部件的磨损周期，防止意外恶性事故的发生，使机床能够长时间地稳定工作。

▶ 工作任务

1. 任务描述

学习数控车床及其数控加工系统的日常维护及保养知识，掌握各种维护及保养方法。

2. 任务准备

1）掌握机床润滑油的种类及选用方法。

2）掌握切削液的种类及选用方法。

3）准备润滑油、切削液等备用品。

4）准备清洁用工具。

 **任务实施**

1. 电源接通前的检查

1）检查机床的防护门、电气柜门等是否关闭。

2）检查润滑装置上油标的液面位置，及时添加润滑油。

3）检查切削液的液面是否高于水泵吸入口，及时添加切削液。

4）检查是否遵守了机床使用说明书中规定的注意事项。

当以上各项均符合要求时，方可合上机床主电源开关，此时机床工作灯亮，风扇起动，润滑泵起动。

2. 电源接通后的检查

1）按下系统启动按钮，检查CRT显示器是否良好，如有问题，则必须请专业人员检查CNC控制单元电池。

2）检查安装在机床后面的总压力表，若表头读数为"5kg"，则说明系统压力正常，可以进行后面的操作。

3）检查各电气柜冷却风扇工作是否正常，风道过滤网是否堵塞。

3. 加工后的机床清理及保养工作

1）清除切屑及脏物。

2）检查润滑油是否充分、导轨面有无划伤。

3）对导轨面进行上油保养。

4）清洁机床及地面。

5）定期清洗丝杠上的旧润滑脂，涂上新润滑脂。

操作注意事项

使用数控车床时应注意下列问题。

（1）提高操作人员的综合素质　数控车床的使用难度比普通车床的大，因为数控车床是典型的机电一体化设备，涉及的知识面较广，因此对操作人员的要求很高。

（2）遵循正确的操作规程　这既是保证操作人员安全的重要措施，也是保证设备安全和产品质量等的重要措施。使用者必须按照操作规程正确操作，在车床第一次使用或长期没有使用时，应先空运转几分钟。使用中，应注意开机、关机的顺序和其他注意事项。

（3）创建一个良好的使用环境　数控车床中含有大量的电子元器件，应避免阳光直接照射，也应避免在潮湿、粉尘、振动等环境中工作。因为这些均可导致电子元器件被腐蚀或造成元器件间的短路，从而引起数控车床运行不正常。数控车床的使用环境应保持清洁、干燥、恒温、无振动，电源应保持稳压。

（4）尽可能提高数控车床的开动率　新购置的数控车床应尽快投入使用，因为设备在使用初期的故障率相对来说要大一些，用户应在保修期内充分使用，尽早发现设备缺陷或损伤，并在保修期内得以解决。在缺少任务时，数控车床也不能闲置不用，要定期通电，每次空运行1h左右，利用运行时的发热量来去除或降低机床内的湿度。

（5）冷静对待机床故障　数控车床在使用中不可避免地会出现一些故障，此时操作者要冷静对待，不可盲目处理，以免产生更为严重的后果。要注意保留现场，待维修人员来后如实说明设备发生故障前后的情况，并参与分析问题，以求尽早排除故障。故障若是因操作不当导致的，则操作人员要及时吸取经验，避免下次出现同类故障。

 知识链接

1. 数控车床的日常保养

不同型号数控车床的日常保养内容和要求不完全一样，机床说明书中有明确的规定，但共同的保养要点主要包括以下内容：

1）每天做好各导轨面的清洁与润滑工作，有自动润滑系统的机床要定期检查、清洗自动润滑系统，检查油量，及时添加润滑油，检查油泵是否定时起动打油及停止。

2）每天检查主轴自动润滑系统的工作是否正常，定期更换主轴箱润滑油。

3）检查电气柜中的冷却风扇是否正常工作，风道过滤网有无堵塞，清洗粘附的尘土。

4）检查冷却系统，检查液面高度，及时添加油或水，油、水脏时要清洗更换。

5）检查主轴驱动带，调整其松紧程度。

6）检查导轨镶条的松紧程度，调节间隙。

7）检查机床液压系统中的油箱、液压泵有无异常噪声，工作液面高度是否合适，压力表指示是否正常，管路及各接头有无泄漏。

8）检查导轨、机床防护罩是否齐全有效。

9）检查各运动部件的机械精度，减少形状和位置误差。

10）每天下班前做好机床的清洁卫生工作，清扫切屑，擦净导轨部位的切削液，防止导轨生锈。

2. 数控车床的日常维护

数控车床的日常维护内容见表2-3。

表2-3　数控车床的日常维护内容

序号	检查周期	检查部位	检查要求
1	每天	导轨润滑油箱	检查油标、油量，及时添加润滑油；检查润滑油泵能否定时起动供油及停止
2	每天	X、Z轴导轨面	清除切屑及脏物；检查润滑油是否充足、导轨面有无划伤
3	每天	压缩空气气源压力	检查气动控制系统的压力是否在正常范围内
4	每天	气源自动分水滤气器	及时清理分水滤气器滤出的水分
5	每天	主轴润滑恒温油箱	工作正常，油量充足并能调节温度范围
6	每天	机床液压系统	油箱、液压泵无异常噪声，压力指示正常，管路及各接头无泄漏，工作油面高度正常
7	每天	CNC的输入/输出单元	光电阅读机清洁，机械结构润滑良好
8	每天	各种电气柜的散热通风装置	各电气柜冷却风扇工作正常，风道过滤网无堵塞
9	每天	各种防护装置	导轨、机床防护罩等无松动、无漏水
10	每半年	滚珠丝杠	清洗丝杠上的旧润滑脂，涂上新润滑脂

（续）

序号	检查周期	检查部位	检查要求
11	每半年	液压油路	清洗溢流阀、减压阀、过滤器；清洗油箱底部,更换或过滤液压油
12	每半年	主轴润滑恒温油箱	清洗过滤器,更换过滤油
13	每年	润滑油泵,过滤器	清理润滑油池底部,更换过滤器
14	不定期	导轨上的镶条、压紧滚轮	检查各导轨上的镶条、压紧滚轮,按机床说明书调整松紧程度
15	不定期	切削液箱	检查液面高度;切削液太脏时应清理切削液箱底部并更换切削液;经常清洗过滤器等
16	不定期	排屑器	经常清理切屑,检查有无卡住等现象
17	不定期	清理废油池	及时取走废油池中的废油,以免其外溢
18	不定期	主轴驱动带	按机床说明书调整驱动带松紧程度

▶ 知识拓展——数控系统的日常维护

数控系统使用一定时间之后,某些元器件或机械部件总要损坏。对数控系统进行日常维护的目的,就是要延长元器件的寿命和零部件的磨损周期,防止各种故障,特别是恶性事故的发生,延长整个数控系统的使用寿命。总的来说,数控系统的维护包括以下工作。

1. 制订数控系统日常维护的规章制度

根据各种部件的特点,确定各种保养条例。例如,明文规定哪些部位需要每天清理,哪些部件需要定时加油或定期更换等。

2. 应尽量少开数控柜和强电柜的门

机械加工车间的空气中一般都含有油雾、漂浮的灰尘甚至金属粉末。一旦它们落在数控装置内的印制电路板或电子元器件上,容易引起元器件间的绝缘电阻下降,并导致元器件及印制电路板的损坏。因此,除非是要进行必要的调整和维修,否则不允许随意开启柜门,更不允许在加工时敞开柜门。

3. 定时清理数控装置的散热通风系统

应每天检查数控装置中各个冷却风扇是否正常工作。视工作环境的状况,每半年或每季度检查一次风道过滤网是否有堵塞现象。如果过滤网上灰尘积聚过多,须及时清理,否则数控装置内的温度将会过高,致使数控系统不能正常工作,甚至会出现过热报警现象。

4. 定期检查和更换直流电动机的电刷

虽然在现代数控机床上有用交流伺服电动机和交流主轴电动机取代直流伺服电动机和直流主轴电动机的倾向,但目前广大用户所使用的大多还是直流电动机。而电动机电刷的过度磨损将影响电动机的性能,甚至会造成电动机损坏。为此,应对电动机电刷进行定期检查和更换,检查周期应根据机床使用频率而定,一般为每半年或一年检查一次。

5. 经常监视数控装置用的电网电压

数控装置电网电压通常允许在额定值的±（10% ~ 15%）的范围内波动。如果超出此范围,就会造成系统不能正常工作,甚至会使数控系统内的电子元器件损坏。为此,需要经常监视数控装置用的电网电压。

6. 定期更换存储器用电池

数控系统的存储器选用 CMOS RAM 存储器，为了在数控系统不通电期间保证所存储的内容不丢失，设有可充电电池维持电路。在正常电源供电时，由 +5V 电源经一个二极管向 CMOS RAM 供电，同时对可充电电池进行充电，当电源停电时，则改由电池供电维持 CMOS RAM 的信息。在一般情况下，即使电池尚未失效，也应每年更换一次，以确保系统正常工作。电池的更换应在 CNC 装置通电状态下进行。

7. 数控系统长期不用时的维护

为提高数控系统的利用率和降低数控系统的故障率，数控机床长期闲置不用是不可取的。若数控系统长期处于闲置状态，则需注意以下两点。一是经常给数控系统通电，特别是在环境温度较高的多雨季节。在机床锁住不动的情况下，让系统空运行，利用电子元器件本身的发热来驱散数控装置内的潮气，保证电子元器件性能的稳定可靠。实践表明，在空气湿度较大的地区，经常通电是降低数控系统故障率的一项有效措施。二是如果数控机床的进给轴和主轴采用直流电动机来驱动，应将电刷从直流电动机中取出，以免由于化学腐蚀作用使换向器表面遭受腐蚀，造成换向性能变坏，进而导致整台电动机损坏。

8. 备用印制电路板的维护

印制电路板长期不使用容易出故障。因此，对于已购置的备用印制电路板，应定期将其装到数控装置上通电并运行一段时间，以防损坏。

 试一试

1. 清理数控车床上的切屑。
2. 清理、保养数控车床导轨面。
3. 检查数控车床导轨润滑油箱的油量。

项目三

轴类零件加工

项目描述

在工业产品中，轴类零件是常见的典型零件之一，它主要用来支承传动零部件，可传递转矩和承受载荷。

轴类零件通常由圆柱面、台阶、端面、圆锥面、圆弧面、倒角、沟槽和螺纹等组成，如图 3-1 所示。本项目重点研究端面、圆柱面、圆锥面、圆弧面和台阶的加工方法。

图 3-1　自行车脚踏轴

模块一　短轴加工

学习目标

1）会识读短轴零件图。

2）能够正确选择短轴的加工工艺，确定工艺参数。

3）能正确选用短轴车削加工的刀具。

4）能利用数控车床进行短轴的车削加工。

5）会利用常用量具对零件进行检测。

6）遵守数控车工安全操作规程。

7）养成规范操作、耐心细致的劳动品质。

8）鼓励学生善于思考，在不同加工条件下能提高加工效益，实现人生价值。

学习导入

端面和外圆是一个零件最基本的组成部分，在车削加工中，车削端面和外圆是最基本的操作技能。

任务一　端面车削加工

 **工作任务**

1. 任务描述

按图 3-2 所示要求加工零件，确定合适的进给路线并选择刀具，确定工艺参数，然后在机床上进行切削加工。

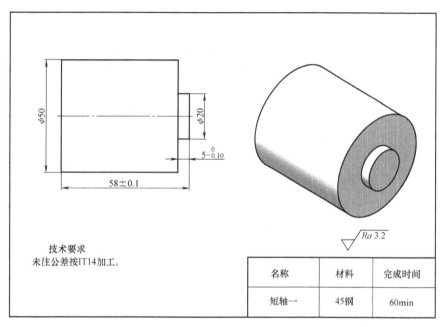

技术要求
未注公差按IT14加工。

$\sqrt{Ra\ 3.2}$

名称	材料	完成时间
短轴一	45钢	60min

图 3-2　短轴一

2. 任务准备

（1）**读懂零件图**　本任务为端面车削加工，识读图 3-2 所示短轴一图样并填写表 3-1。

表 3-1　从短轴一图样中读到的信息

识读内容	读到的信息
零件名称	
零件材料	
零件形状	
零件图中的重要尺寸	
表面粗糙度要求	
技术要求	

（2）**选择装夹方法**　选择正确的安装方法可使工件在整个切削过程中始终保持位置正确，从而可保证工件的加工质量和生产率。在数控车床上进行轴类零件的加工时，一般可采用下面四种装夹方法：

1）工件较短，使用普通自定心卡盘装夹工件，工件安装后一般不需要找正，只控制装夹长度即可。

2）工件较短且是精加工圆柱面，用软卡爪装夹，并适当增加夹持面的长度，以保证定位准确、装夹稳固。

3）工件较长且较重，精度要求不高，可采用一夹一顶的方式装夹。

4）同轴度要求高或需经多道工序才能完成的工件，可采用两顶尖方式装夹。

想一想

图 3-2 所示短轴应该选择何种装夹方法？

（3）选择加工工艺参数　参考表 3-2 和表 3-3，完成表 3-4。

表 3-2　不同刀尖圆弧半径对应的最大进给量

刀尖半径/mm	0.4	0.8	1.2	1.6	2.4
最大推荐进给量/(mm/r)	0.2~0.35	0.4~0.7	0.5~1.0	0.7~1.3	1.0~1.8

表 3-3　切削用量参考表

刀具材料	工件材料	粗加工			精加工		
		切削速度/(m/min)	进给量/(mm/r)	背吃刀量/mm	切削速度/(m/min)	进给量/(mm/r)	背吃刀量/mm
硬质合金或涂层硬质合金	碳钢	220	0.2	2	260	0.1	0.3
	低合金钢	180	0.2	2	220	0.1	0.3
	高合金钢	120	0.2	2	160	0.1	0.3
	铸铁	80	0.2	2	140	0.1	0.3
	不锈钢	80	0.2	1	120	0.1	0.3
	钛合金	40	0.2	1	60	0.1	0.3
	灰铸铁	120	0.3	2	150	0.15	0.5
	球墨铸铁	100	0.3	2	120	0.15	0.5
	铝合金	1600	0.2	1	1600	0.1	0.5

注：1. 当进行切深进给时，进给量取表中相应值的一半。

2. 切削速度 v_c 与转速 n 的转换关系为 $n = 1000v_c/\pi D$。

表 3-4　选择短轴的加工工艺参数

工步号	工步内容	刀具号	刀具类型	参数设置		备注
				主轴转速/(r/min)	进给量/(mm/r)	

（4）确定加工工艺路线

1）用自定心卡盘夹持毛坯左端，棒料伸出爪外 30mm。

2）用 93°外圆车刀加工左端面。

3）调头装夹，用 93°外圆车刀加工右端面，控制总长。

4）以工件右端面中心为原点建立工件坐标系，利用车削端面指令车削 ϕ20mm 外圆，

长为 $5_{-0.10}^{0}$ mm。

（5）编制短轴一数控加工工艺卡片（表3-5）

表3-5　短轴一数控加工工艺卡片

工序号	程序号	工步号	工步内容	刀具号	参数设置			备注
					主轴转速 /(r/min)	进给量 /(mm/r)	背吃刀量 /mm	

（6）参考程序　短轴一右端数控加工程序见表3-6（FANUC 0i 系统，G94）。

表3-6　短轴一右端数控加工程序

程　　　序	说　　　明
O0001;	程序名
T0101;	调用1号端面车刀,设定工件坐标系
S1000 M03;	主轴正转,转速为1000r/min
G00 X52. Z2. M08;	刀具快速定位至循环起点,打开切削液
G94 X20. Z-2. F0.2;	端面切削循环,进给量为0.2mm/r
Z-4.;	端面切削循环
Z-5.;	端面切削循环
M09;	关闭切削液
M05;	主轴停转
M30;	程序结束并复位

▶ 任务实施

1．操作准备

1）CK6140型数控车床。

2）45钢毛坯，尺寸为 ϕ50mm×60mm。

3）短轴一数控加工刀具卡（表3-7）。

表3-7　短轴一数控加工刀具卡

刀具号	刀具名称	刀片规格	参考图片	备　注
T01	93°外圆车刀	35°菱形,R0.4mm		

4）短轴—数控加工工具、量具卡（表3-8）。

表3-8　短轴—数控加工工具、量具卡

序号	工具、量具名称	规格	参考图片	备注
1	钢直尺	0～150mm		
2	游标卡尺	0～150mm		
3	游标深度卡尺	0～200mm		
4	卡盘、刀架钥匙			

2. 任务考核表

（1）端面车削加工操作技能总成绩表（表3-9）

表3-9　端面车削加工操作技能总成绩表

序号	任务名称	配分	得分	备注
1	现场操作规范	10		
2	零件加工质量	90		
合计		100		

（2）端面车削加工现场操作规范评分表（表3-10）

表3-10　端面车削加工现场操作规范评分表

序号	项目	考核内容及要求	配分	得分	备注
1		正确摆放工具、量具	2		
2	现场操作规范	机床操作规范	4		
3		合理选择刀具	2		
4		设备日常维护	2		
合计			10		

（3）端面车削加工零件质量评分表（表3-11）

表 3-11　端面车削加工零件质量评分表

序号	考核项目	考核内容及要求	评分标准	配分	检测结果	得分	备注
1	工艺	工艺方案符合加工顺序	1）工件定位、夹紧及刀具选择合理 2）加工顺序及进给路线合理	10			
2	编程	程序格式正确,指令使用合理	1）指令正确,程序完整 2）切削参数、坐标系选择正确、合理	10			
3	对刀	刀具安装正确,参数设置正确	坐标系选择正确、合理	15			
4	长度	$5_{-0.10}^{0}$ mm	每超差 0.02mm 扣 3 分	20			
		（58±0.1）mm		20			
5	表面粗糙度	$Ra3.2\mu m$	每降一级扣 3 分	10			
6	安全文明生产	遵守机床安全操作规程	不符合安全操作规程酌情扣 1~5 分	5			
7	发生重大事故(人身和设备安全事故)、严重违反工艺原则和情节严重的野蛮操作等,取消实操资格						
记录员				检验员			

注：表中总分为 90 分,另 10 分为现场操作规范分,本书后同。

3. 操作步骤

1）开机。开机前,应先进行机床开机前的检查,然后打开机床电源,启动数控系统。

2）回参考点操作。

3）装夹零件、刀具。

4）对刀,设定工件坐标系。

5）输入程序。

6）校验程序。

7）自动加工零件。

8）检测零件并上交。

▶ **操作注意事项**

1）安装毛坯时,要夹紧毛坯,防止毛坯在试切时发生松动,损坏刀具。

2）安装刀具时,刀尖与主轴回转中心应等高,防止车削端面至中心时损坏刀具。

3）校验程序时,需要检查程序的语法错误和走刀点位置是否正确。

4）空运行完成后机床必须回参考点。

5）在加工过程中应注意观察,出现紧急情况时立即按下急停按钮。

6）加工后要去除零件边棱处的毛刺。

 **知识链接**

1. 端面车削加工方法

车削工件时，一般先车削端面，这样有利于确定长度方向的尺寸。如果毛坯余量大，则须用45°端面车刀粗加工；余量很小的精车循环可以选用93°右偏刀进行加工；对于精度要求较高的零件，其加工应分粗车、半精车循环、精车循环几个阶段进行。

车削端面时，为了减少换刀次数，方便对刀，车削小余量（1~2mm）的端面时，一般采用93°右偏刀，且刀尖一定要与主轴回转中心等高，否则会在端面中心处产生小凸台，甚至会损坏刀尖。

在数控车削加工中，由于对刀时需要车削端面且刀架上的刀位有限，因此，端面的车削加工通常采用手动车削加工方式，编程时可以不将端面数控加工程序写出。

2. 钢直尺

钢直尺可直接测量工件的尺寸。常用的钢直尺上刻有米制尺寸，如图3-3所示。它的长度规格有150mm、200mm、300mm、500mm等，分度值为0.5mm。

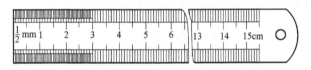

图3-3　钢直尺

用钢直尺测量工件时，应将钢直尺拿稳，用拇指贴靠工件。图3-4a所示为正确的测量方法；图3-4b所示为错误的测量方法。手指位置不正确，易使钢直尺不稳定，从而造成测量出的数值不准确。读数时，应使视线与钢直尺垂直，而不应倾斜，否则会影响读数的准确度，如图3-4c）所示。

钢直尺的起始端是测量的基准，应保持其轮廓完整，以免影响测量读数的准确度，如果钢直尺端部已经磨损，则应以另一刻线作为基准。

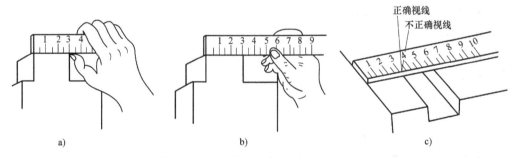

图3-4　用钢直尺测量工件

3. 游标卡尺

（1）测量方法　右手握住尺身，大拇指抵在游标尺下移动游标尺，使测量爪张开到略大于被测尺寸，将外测量爪贴靠在工件外圆柱面上，再轻轻推动游标，使外测量爪与工件被测面接触，取得尺寸后，拧紧制动螺钉，读出尺寸，以防测得的尺寸变动。

（2）分度原理　以分度值为 0.02mm 的游标卡尺为例，如图 3-5 所示。主标尺上每一小格的长度为 1mm，在游标尺上把 49mm 分为 50 格，每一格长度为 49mm/50＝0.98mm。主标尺与游标尺每格的长度之差为 1mm−49mm/50＝0.02mm，此差值即为游标卡尺的分度值。

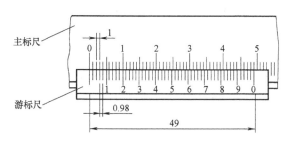

图 3-5　游标卡尺的分度原理

（3）其他尺寸的测量方法　游标卡尺可以测量工件的外径、内径、长度、深度等尺寸，测量方法如图 3-6 所示。

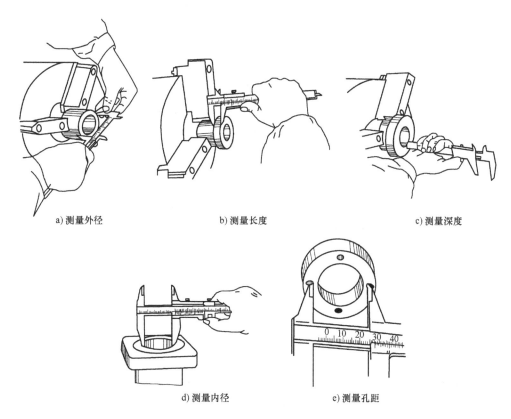

a）测量外径　　　　　　　b）测量长度　　　　　　　c）测量深度

d）测量内径　　　　　　　e）测量孔距

图 3-6　使用游标卡尺测量其他尺寸的方法

1）游标卡尺测量外径尺寸的方法。使用游标卡尺测量零件的外径尺寸时，卡尺的两外测量面的连线应垂直于被测量表面，不能歪斜。测量时可以轻轻摇动卡尺，以放置于垂直位置。

2）游标卡尺测量内径尺寸的方法。应使测量爪分开的距离小于所测内径尺寸，进入零件内孔后，再慢慢张开并轻轻接触零件内表面，用制动螺钉固定后，轻轻取出卡尺后读数。取出测量爪时用力要均匀，并使卡尺沿着孔的中心线方向滑出，不可歪斜，以免使测量爪扭伤、变形和受到不必要的磨损，同时要避免游标尺移动而影响测量精度。

测量时，两测量爪的测量面应放置在孔的直径上，不得倾斜，以避免由于测量爪倾斜放置造成的测量数据不正确。

3）游标卡尺测量深度尺寸的方法。应使深度尺的深度测量面紧贴孔底，主标尺尺身的端面与被测件的表面接触，且深度尺应与孔底面垂直，不可前后左右倾斜。

▶ 知识拓展——带锥度端面车削（G94）

格式：G94 X(U)＿ Z(W)＿ R ＿ F ＿;

说明：X、Z——切削循环终点的坐标值。

U、W——切削循环终点相对于循环起点的坐标增量。

R——端面切削始点至终点的位移在 Z 方向的坐标增量，R＝0 时为平端面。

带锥度的端面切削循环路线如图 3-7a 所示，R 的值可以根据相似三角形定理来计算，如图 3-7b 所示。

$$h = (30-10)\,\text{mm}/2 = 10\text{mm}$$
$$h/L = R/(L+2)$$
则
$$R = h(L+2)/L$$
$$= [10 \times (20+2)/20]\,\text{mm}$$
$$= 11\text{mm}$$

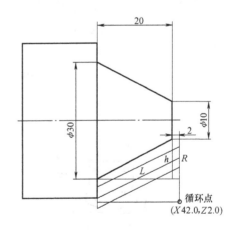

a) 带锥度的端面切削循环路线　　　　b) 相似三角形定理计算 R 值

图 3-7　带锥度的端面车削加工

试一试

加工图 3-8 所示零件，编写数控加工程序，确定合适的进给路线并选择刀具，确定工艺参数，然后在数控车床上进行车削加工。加工完毕后按照表 3-12 进行检测和评价。

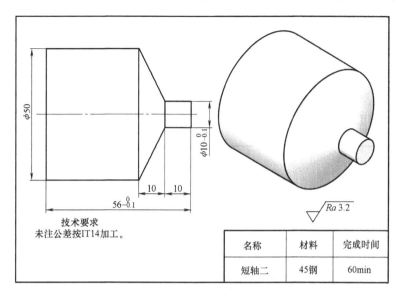

图 3-8　短轴二

表 3-12　短轴二加工评分表

序号	考核项目	考核内容及要求	评分标准	配分	检测结果	得分	备注
1	工艺	工艺方案符合加工顺序	1) 工件定位、夹紧及刀具选择合理 2) 加工顺序及进给路线合理	10			
2	编程	程序格式正确，指令使用合理	1) 指令正确，程序完整 2) 切削参数、坐标系选择正确、合理	10			
3	对刀	刀具安装正确，参数设置正确	坐标系选择正确、合理	20			
4	尺寸	$\phi 10_{-0.1}^{0}$ mm	每超差 0.02mm 扣 3 分	20			
		$56_{-0.1}^{0}$ mm		15			
5	表面粗糙度	$Ra3.2\mu$m	每降一级扣 3 分	10			
6	安全文明生产	遵守机床安全操作规程	不符合安全操作规程酌情扣 1~5 分	5			
7	发生重大事故 (人身和设备安全事故)、严重违反工艺原则和情节严重的野蛮操作等，取消实操资格						
记录员				检验员			

任务二　外圆车削加工

 工作任务

1. 任务描述

按图 3-9 所示要求加工零件，确定合适的进给路线并选择刀具，确定工艺参数，然后在机床上进行切削加工。

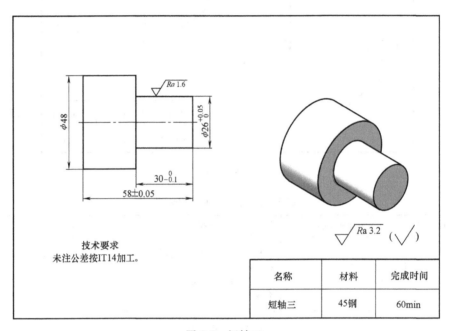

图 3-9　短轴三

2. 任务准备

（1）读懂零件图

本任务为外圆车削加工，识读图 3-9 所示短轴三图样并填写表 3-13。

表 3-13　从短轴三图样中读到的信息

识读内容	读到的信息
零件名称	
零件材料	
零件形状	
零件图中重要的尺寸	
表面粗糙度要求	
技术要求	

（2）选择装夹方法　短轴三工件较短，无同轴度要求，工件安装后一般不需要找正，控制装夹长度满足加工要求即可。

图 3-9 所示短轴应该选择何种装夹方法?

（3）选择加工工艺参数参考表 3-2 和表 3-3，完成表 3-14。

表 3-14　选择外圆车削加工工艺参数

工步号	工步内容	刀具号	刀具类型	参数设置		备注
				主轴转速/(r/min)	进给量/(mm/r)	

（4）确定加工工艺路线

1）用自定心卡盘夹持毛坯，用 93°外圆车刀车削端面、ϕ48mm 外圆。

2）调头装夹，棒料伸出爪外 40mm，车削端面，控制总长 58mm，以工件端面中心为原点建立工件坐标系。

3）用 93°外圆车刀车削 ϕ26mm 外圆，控制长度至图样尺寸。

（5）编制短轴三数控加工工艺卡片（表 3-15）

表 3-15　短轴三数控加工工艺卡片

工序号	程序号	工步号	工步内容	刀具号	参数设置			备注
					主轴转速/(r/min)	进给量/(mm/r)	背吃刀量/mm	

（6）参考程序　短轴三右端数控加工程序见表 3-16（FANUC 0i 系统 G90）。

表 3-16　短轴三右端数控加工程序

程　　序	说　　明
O0001;	程序名
T0101;	调用 1 号端面车刀，设定工件坐标系
S1000 M03;	主轴正转，转速为 1000r/min
G00 X52. Z2. M08;	刀具快速定位至循环起点，打开切削液
G90 X48. Z-30. F0.2;	外圆切削循环，背吃刀量为 1mm，进给量为 0.2mm/r
X44.;	外圆切削循环，背吃刀量为 2mm
X40.;	外圆切削循环，背吃刀量为 2mm
X36.;	外圆切削循环，背吃刀量为 2mm
X32.;	外圆切削循环，背吃刀量为 2mm
X28.;	外圆切削循环，背吃刀量为 2mm
X26.;	外圆切削循环，背吃刀量为 1mm
M09;	关闭切削液
M05;	主轴停转
M30;	程序结束并复位

任务实施

1. 操作准备

1）CK6140 型数控车床。

2）45 钢毛坯，尺寸为 $\phi50mm \times 60mm$。

3）外圆数控加工刀具卡（表 3-17）

表 3-17　外圆数控加工刀具卡

刀具号	刀具名称	刀片规格	参考图片	备　注
T01	93°外圆车刀	35°菱形, R0.4mm		

4）外圆数控加工工具、量具卡（表 3-18）。

表 3-18　外圆数控加工工具、量具卡

序号	工具量具名称	规格	参考图片	备注
1	钢直尺	0~150mm		
2	游标卡尺	0~150mm		
3	游标深度卡尺	0~200mm		
4	外径千分尺	25~50mm		
5	卡盘、刀架钥匙			

2. 任务考核表

（1）外圆车削加工操作技能总成绩表（表 3-19）

表 3-19　外圆车削加工操作技能总成绩表

序号	任务名称	配　分	得　分	备　注
1	现场操作规范	10		
2	零件加工质量	90		
合计		100		

（2）外圆车削加工现场操作规范评分表（表3-20）

表3-20 外圆车削加工现场操作规范评分表

序号	项目	考核内容及要求	配分	得分	备注
1		正确摆放工具、量具	2		
2	现场操作规范	机床操作规范	4		
3		合理选择刀具	2		
4		设备日常维护	2		
合 计			10		

（3）外圆车削加工零件质量评分表（表3-21）

表3-21 外圆车削加工零件质量评分表

序号	考核项目	考核内容及要求	评分标准	配分	检测结果	得分	备注
1	工艺	工艺方案符合加工顺序	1）工件定位、夹紧及刀具选择合理 2）加工顺序及进给路线合理	10			
2	编程	程序格式正确,指令使用合理	1）指令正确,程序完整 2）切削参数、坐标系选择正确、合理	10			
3	对刀	刀具安装正确,参数设置正确	坐标系选择正确、合理	10			
4	长度	$30_{-0.1}^{0}$ mm	每超差0.02mm扣3分	15			
		58 ± 0.05mm		15			
5	外圆	$\phi26_{0}^{+0.05}$ mm	每超差0.01mm扣3分	15			
6	表面粗糙度	$Ra3.2\mu m$ $Ra1.6\mu m$	每降一级扣2分	6			
				4			
7	安全文明生产	遵守机床安全操作规程	不符合安全操作规程酌情扣1~5分	5			
8	发生重大事故(人身和设备安全事故)、严重违反工艺原则和情节严重的野蛮操作等,取消实操资格						
记录员			检验员				

3. 操作步骤

1）开机。打开机床电源,启动数控系统。

2）回参考点操作。

3）装夹零件、刀具。

4）对刀,设定工件坐标系。

5）输入程序。

6）校验程序。

7）自动加工零件。

8）检测零件并上交。

▶ 操作注意事项

1）安装毛坯时，要夹紧毛坯，防止毛坯在试切时发生松动，损坏刀具。

2）安装刀具时，刀尖与主轴回转中心应等高，防止车削端面至中心时刀具损坏。

3）校验程序时，需要检查程序的语法错误和走刀点位置是否正确。

4）空运行完成后机床必须回参考点。

5）在加工过程中应注意观察，出现紧急情况时立即按下急停按钮。

6）用外径千分尺进行测量时，应采用多点测量的方法。

7）加工后要去除零件边棱处的毛刺。

▶ 知识链接

1. 磨耗值补正

在车削加工中，经常需要分粗、精车循环，以达到零件所要求的尺寸精度和表面粗糙度要求。在任务二外圆车削加工中，直接加工到外圆直径 $\phi26mm$，并没有分粗、精加工。在加工开始前，可以利用前面所学的磨耗设定方法预留精加工余量 1.0mm，如图 3-10 所示，然后在程序结束后对工件进行测量，根据测量的实际值来修正磨耗设定所需输入的数值，以达到控制尺寸的目的。

2. 千分尺的使用

千分尺是机械加工中最常用的精密量具之一。它的分度值一般为 0.01mm。由于测微螺杆精度在制造上受到限制，其移动量通常为 25mm。因此，常用的千分尺测量范围有 0~25mm、25~50mm、50~75mm、75~100mm 等，每隔 25mm 为一档规格；测量尺寸大于 300mm 时，每隔 100mm 为一档规格；测量尺寸大于 1000mm 时，每隔 500mm 为一档规格。

图 3-10　磨耗值补正界面

千分尺的种类很多，有外径千分尺、两点内径千分尺、内测千分尺、螺纹千分尺和公法线千分尺等。

（1）千分尺的分度原理　由于固定套管沿轴向刻线每小格长度为 0.5mm，微分筒将圆周等分为 50 小格，测微螺杆的螺距为 0.5mm，所以微分筒将每转一周时带动测微螺杆移动0.5mm。因此，当微分筒将转过一小格时（1/50 周），测微螺杆移动的距离为

$$0.5mm \times (1/50) = 0.01mm$$

因此，千分尺的分度值为 0.01mm。

（2）测量方法　用千分尺进行测量时，应先将测砧和测微螺杆的测量面擦干净，松开外径千分尺锁紧装置并校准千分尺的零位，如图 3-11a 所示。

用千分尺测量工件

测量时用双手操作，如图 3-11b、c 所示。具体方法是先旋转微分筒，当测量面快接触或刚接触工件表面时，再旋转棘轮，当听到"哒哒哒"的响声时，停止转动，然后读数。

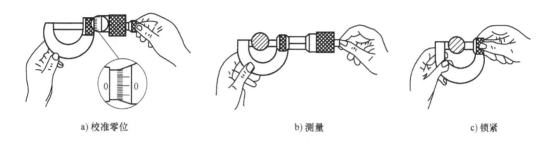

a) 校准零位   b) 测量   c) 锁紧

图 3-11　用千分尺测量工件的步骤

（3）读数方法

1）先读出固定套管上露出刻线的整毫米及半毫米数。

2）再看微分筒的哪条刻线与固定套管的基准线对齐，读出不足半毫米的小数部分。

3）最后将两次读数相加，即为工件的测量尺寸。

例如，图 3-12a 所示读数为 19.5mm+0.02mm = 19.52mm；图 3-12b 所示读数为20mm+ 0.01mm = 20.01mm。

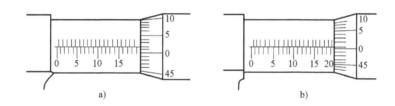

a)   b)

图 3-12　千分尺的读数方法

（4）使用千分尺时的注意事项

1）测量前后均应将千分尺擦拭干净，使用后应涂防锈油，并放在盒内妥善保管。

2）禁止在旋转的工件上使用千分尺进行测量。

3）测量时要注意工件温度的影响，不可以用千分尺测量温度在30℃以上的工件。

4）不准将千分尺先调整好尺寸当作卡规使用。

5）不准用千分尺测量毛坯面等粗糙表面。

▶ 知识拓展——表面粗糙度

1. 表面粗糙度的概念

表面粗糙度是指加工表面上具有的较小间距和微小峰谷的不平度。其两波峰或两波谷之间的距离（波距）很小（在 1mm 以下），属于微观几何形状误差。表面粗糙度值越小，则表面越光滑。

2. 表面粗糙度的意义

众所周知，零件在进行机械加工时，其表面不可能是绝对的平面。因为在机械加工过程中受设备精度、刀具、材料等因素的影响，加工出来的零件表面虽然光亮平整，但其微观表面却存在着峰谷不平的沟壑，如图3-13所示。

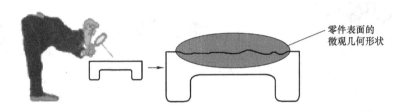

图 3-13 零件表面的微观几何形状

当零件与零件之间进行配合时，如果这些沟壑过高或过大，会使零件之间产生互相磨损，这将对机械零件的配合性质、耐磨性、疲劳强度、接触刚度等造成巨大影响，导致设备需要过早维修甚至报废，从而使设备维护成本上升和造成资源的浪费。表面粗糙度是衡量零件互换性的一个重要指标，所以应规定表面粗糙度要求，并且随着机械加工工艺技术及设备的发展，零件的机械加工表面将能达到更小的表面粗糙度值。

3. 不同表面粗糙度的外观情况及相应加工方法（表3-22）

表 3-22 不同表面粗糙度的外观情况及相应加工方法

$Ra/\mu m$	外观情况	主要加工方法	应用举例
50	明显可见刀痕	粗车、粗铣、粗刨、钻、粗纹锉刀和粗砂轮加工	表面粗糙度值最大的加工面，一般很少应用
25	可见刀痕		
12.5	微见刀痕	粗车、刨、立铣、平铣、钻	不接触表面、不重要的接触面，如螺钉孔、倒角、机座底面等
6.3	可见加工痕迹	精车循环、精铣、精刨、铰、镗、精磨等	没有相对运动的零件接触面，如箱、盖、套筒等要求紧贴的表面，键和键槽工作表面；相对运动速度不高的接触面，如支架孔、衬套、带轮轴孔的工作面等
3.2	微见加工痕迹		
1.6	看不见加工痕迹		
0.8	可辨加工痕迹方向	精车循环、精铰、精拉、精镗、精磨等	要求很好密合的接触面，如滚动轴承的配合表面、锥销孔等；相对运动速度较高的接触面，如滑动轴承的配合表面、齿轮轮齿的工作表面等
0.4	微辨加工痕迹方向		
0.2	不可辨加工痕迹方向		
0.10	暗光泽面	研磨、抛光、超精细研磨等	精密量具的表面、极重要零件的摩擦面，如气缸的内表面、精密机床的主轴颈、坐标镗床的主轴颈等
0.05	亮光泽面		
0.025	镜状光泽面		
0.012	雾状镜面		
0.006	镜面		

试一试

加工图3-14所示的零件，编写数控加工程序，确定合适的进给路线并选择刀具，确定工艺参数，然后在数控车床上进行车削加工。加工完毕后按照表3-23进行检测和评价。

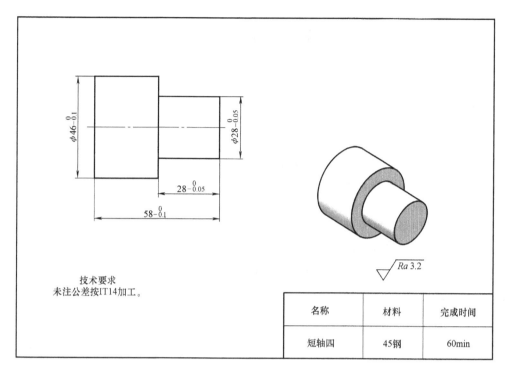

技术要求
未注公差按IT14加工。

名称	材料	完成时间
短轴四	45钢	60min

图 3-14　短轴四

表 3-23　短轴四加工评分标准

序号	考核项目	考核内容及要求	评分标准	配分	检测结果	得分	备注
1	工艺	工艺方案符合加工顺序	1)工件定位、夹紧及刀具选择合理 2)加工顺序及进给路线合理	10			
2	编程	程序格式正确,指令使用合理	1)指令正确,程序完整 2)切削参数、坐标系选择正确、合理	10			
3	对刀	刀具安装正确,参数设置正确	坐标系选择正确、合理	10			
4	长度	$58_{-0.1}^{0}$ mm	每超差0.02mm扣3分	10			
		$28_{-0.05}^{0}$ mm		15			
5	外圆	$\phi46_{-0.1}^{0}$ mm	每超差0.01mm扣3分	10			
		$\phi28_{-0.05}^{0}$ mm		10			
6	表面粗糙度	$Ra3.2\mu$m	每降一级扣3分	10			
7	安全文明生产	遵守机床安全操作规程	不符合安全操作规程酌情扣1~5分	5			
8	发生重大事故(人身和设备安全事故)、严重违反工艺原则和情节严重的野蛮操作等,取消实操资格						
记录员				检验员			

模块二 异形轴加工

 学习目标

1）会识读异形轴零件图。
2）能正确选择异形轴加工工艺并确定工艺参数。
3）能正确选用异形轴车削加工的刀具
4）能利用数控车床进行异形轴的车削加工。
5）能利用常用量具对异形轴零件进行检测。
6）遵守数控车工安全操作规程。
7）树立精益求精的工作态度和质量意识。

学习导入

异形轴在机械、建筑、生活等领域有广泛应用，而圆锥面、圆弧面是异形轴的重要组成部分。因此，圆锥面、圆弧面的车削加工是机械加工中的一项基本技能。

任务一 圆锥面车削加工

工作任务

1. 任务描述

按图3-15所示要求加工零件，确定合适的进给路线并选择刀具，确定工艺参数，然后在机床上进行切削加工。

2. 任务准备

（1）读懂零件图 本任务为圆锥面车削加工，识读图3-15所示异形轴一图样并填写表3-24。

表3-24 从异形轴一图样中读到的信息

识读内容	读到的信息
零件名称	
零件材料	
零件形状	
零件图中的重要尺寸	
表面粗糙度要求	
技术要求	

（2）选择装夹方法 由图3-15可知，该异形轴零件较短，无特殊技术要求，可采用自定心卡盘装夹零件。

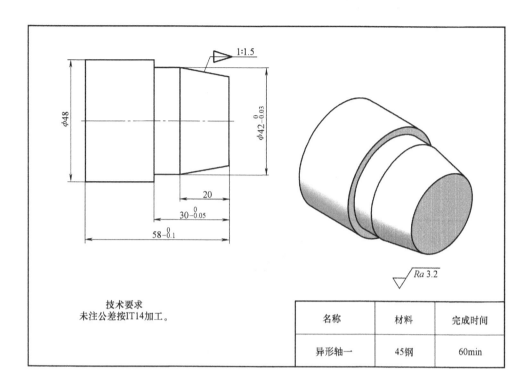

图 3-15　异形轴一

想一想

图 3-15 所示异形轴零件结构简单，但需要加工右端的圆锥面，应该先加工零件的哪一端？

（3）选择加工工艺参数（表 3-25）

表 3-25　选择异形轴一的加工工艺参数

工步号	工步内容	刀具号	刀具类型	参数设置		备注
				主轴转速/(r/min)	进给量/(mm/r)	

（4）确定加工工艺路线

1）用自定心卡盘夹持毛坯右端，车削左端面和外圆 ϕ48mm。

2）调头装夹，车削右端面，控制总长。

3）以工件右端面中心为原点建立工件坐标系，用 93° 外圆车刀加工圆锥面、外圆 ϕ42mm。

（5）编制异形轴一数控加工工艺卡片（表 3-26）

表 3-26　异形轴一数控加工工艺卡片

| 工序号 | 程序号 | 工步号 | 工步内容 | 刀具号 | 参数设置 | | | 备注 |
					主轴转速 /(r/min)	进给量 /(mm/r)	背吃刀量 /mm	

（6）参考程序　异形轴一数控加工程序见表 3-27（FANUC 0i 系统，G71）。

表 3-27　异形轴一数控加工程序

程　　序	说　　明
O0001;	程序名
T0101;	调用 1 号车刀，设定工件坐标系
M03 S1000;	主轴正转，转速为 1000r/min
G00 X52. Z2. M08;	刀具快速定位，打开切削液
G71 U1. R1.;	调用粗车循环指令
G71 P1 Q1 U1. W0. F0.3;	设置精车循环余量，粗车进给量为 0.3mm/r
N1 G00 X35.3;	快速定位
G01 Z0. F0.1;	接近工件，精车循环进给量为 0.1mm/r
G01 X42. Z-20.;	加工圆锥面
G01 Z-30.;	Z 向进给
G01 X48.;	X 向进给
N2 G01 X52.;	X 向退出
G00 Z100.;	Z 向退出
M09;	关闭切削液
M05;	主轴停转
M00;	程序暂停
T0101;	调用 1 号车刀，设定工件坐标系
M03 S1200;	主轴正转，转速为 1200r/min
G00 G42 X52. Z2. M08;	刀具快速定位，建立刀尖圆弧半径补偿，打开切削液
G70 P1Q2;	精车循环
G00 G40 Z100.;	Z 向退刀，刀尖圆弧半径补偿撤销
M09;	关闭切削液
M05;	主轴停转
M30;	程序结束并复位

▶ **任务实施**

1．操作准备

1）CK6140 型数控车床。

2）45 钢毛坯，尺寸为 ϕ50mm×60mm。

3）异形轴一数控加工刀具卡（表3-28）。

表 3-28　异形轴一数控加工刀具卡

刀具号	刀具名称	刀片规格	参考图片	备　注
T01	93°外圆车刀	35°菱形，R0.4mm		

4）异形轴一数控加工工具、量具卡（表3-29）。

表 3-29　异形轴一数控加工工具、量具卡

序号	工具、量具名称	规格	参考图片	备注
1	钢直尺	0~150mm		
2	游标卡尺	0~150mm		
3	游标深度卡尺	0~200mm		
4	外径千分尺	25~50mm		
5	游标万能角度尺	0°~320°		
6	卡盘、刀架钥匙			

2. 任务考核表

（1）圆锥面车削加工操作技能总成绩表（表3-30）

表 3-30　圆锥面车削加工操作技能总成绩表

序号	任务名称	配　分	得　分	备　注
1	现场操作规范	10		
2	零件加工质量	90		
合计		100		

（2）圆锥面车削加工现场操作规范评分表（表 3-31）

表 3-31　圆锥面车削加工现场操作规范评分表

序号	项目	考核内容及要求	配分	得分	备注
1	现场操作规范	正确摆放工具、量具	2		
2		机床操作规范	4		
3		合理选择刀具	2		
4		设备日常维护	2		
合　计			10		

（3）圆锥面车削加工零件质量评分表（表 3-32）

表 3-32　圆锥面车削加工零件质量评分表

序号	考核项目	考核内容及要求	评分标准	配分	检测结果	得分	备注
1	工艺	工艺方案符合加工顺序	1）工件定位、夹紧及刀具选择合理 2）加工顺序及进给路线合理	10			
2	编程	程序格式正确，指令使用合理	1）指令正确，程序完整 2）切削参数、坐标系选择正确、合理	10			
3	对刀	刀具安装正确，参数设置正确	坐标系选择正确、合理	10			
4	长度	$58_{-0.1}^{0}$ mm	每超差 0.02mm 扣 3 分	12			
		$30_{-0.05}^{0}$ mm		12			
5	外圆	$\phi 42_{-0.03}^{0}$ mm	每超差 0.01mm 扣 3 分	15			
6	锥度	1：1.5	超差全扣	6			
7	表面粗糙度	$Ra3.2\mu m$	每降一级扣 3 分	10			
8	安全文明生产	遵守机床安全操作规程	不符合安全操作规程酌情扣 1~5 分	5			
9	发生重大事故（人身和设备安全事故）、严重违反工艺原则和情节严重的野蛮操作等，取消实操资格						
记录员				检验员			

3. 操作步骤

1）开机。打开机床电源，启动数控系统。

2）回参考点操作。

3) 装夹零件、刀具。

4) 对刀，设定工件坐标系。

5) 输入程序。

6) 校验程序。

7) 自动加工零件。

8) 检测零件并上交。

▶ 操作注意事项

1) 安装毛坯时，要夹紧毛坯，防止毛坯在试切时发生松动，损坏刀具。

2) 安装刀具时，刀尖应与主轴回转中心等高，否则将产生双曲线误差。

3) 校验程序时，需要检查程序的语法错误和走刀点位置是否正确。

4) 空运行完成后机床必须回参考点。

5) 在加工过程中应注意观察，出现紧急情况时立即按下急停按钮。

6) 加工后要去除零件边棱处的毛刺。

▶ 知识链接

1. 锥度的检验

一般用圆锥量规（3-16）检验锥度，通过涂色法检验其接触面积以确定锥度的正确性。用圆锥塞规检验锥孔时，用显示剂（印油、红丹粉）在工件表面顺着圆锥素线方向均匀地涂上三条线，如图 3-17a 所示，涂层应薄而均匀。套合时用力要小，转动量一般在半圈以内，如图 3-17b 所示，转动量过多不便于观察，可能会导致误判。

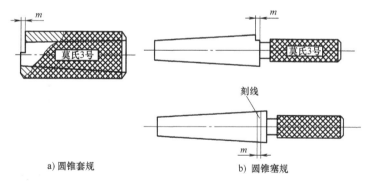

a) 圆锥套规　　　　　　　　　b) 圆锥塞规

图 3-16　圆锥量规

要求圆锥塞规和锥孔的接触面积达 60% 以上。若发现只有大端部分接触，则说明圆锥角太小；反之，若发现只有小端部分接触，则说明圆锥角太大。图 3-18 所示为不合格的圆锥接触面；图 3-19 为合格的圆锥面展开图。

2. 游标万能角度尺

（1）游标万能角度尺的结构　如图 3-20 所示，游标万能角度尺由主尺 1、直角尺 2、游标尺 3、锁紧装置 4、基尺 5、直尺 6 及卡块 7 等组成。基尺 5 可带动主尺 1 沿着游标尺 3 转动，转到所需角度后可用锁紧装置 4 锁紧。卡块 7 可将直角尺 2 和直尺 6 固定在所需的位置上。

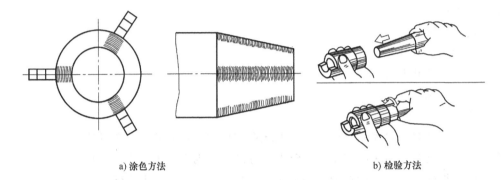

a) 涂色方法   b) 检验方法

图 3-17   用圆锥塞规检验锥孔的方法

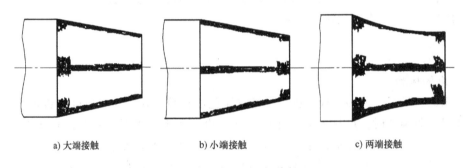

a) 大端接触   b) 小端接触   c) 两端接触

图 3-18   不合格的圆锥接触面

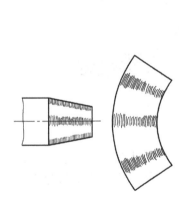

图 3-19   合格的圆锥面展开图

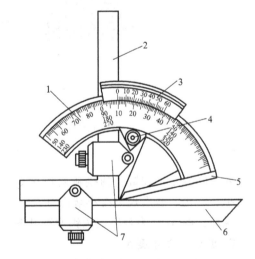

图 3-20   游标万能角度尺
1—主尺   2—直角尺   3—游标尺   4—锁紧装置
5—基尺   6—直尺   7—卡块

（2）游标万能角度尺的分度原理　游标万能角度尺的分度原理如图 3-21 所示。主尺每格为 1°，游标尺的总角度为 29°，等分成 30 格。因此，游标尺上每格的角度为

$$29°/30 = 60' × 29/30 = 58'$$

则主尺一格和游标尺一格之间的差值为

$$1° - 58' = 2'$$

即游标万能角度尺的分度值为 2′。

（3）游标万能角度尺的使用方法　游标万能角度尺的使用方法如图 3-22 所示，它可以测量 0°～320° 范围内的任何角度。

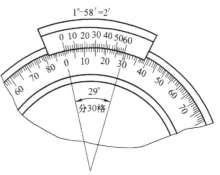

图 3-21　游标万能角度尺的分度原理

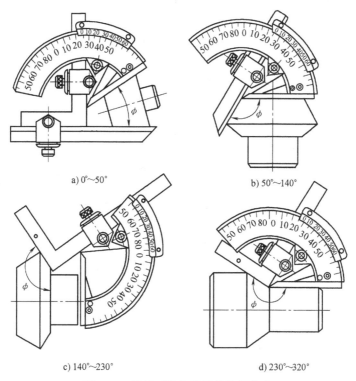

a) 0°～50°　　　　　　　　b) 50°～140°

c) 140°～230°　　　　　　d) 230°～320°

图 3-22　游标万能角度尺的使用方法

3. 刀尖圆弧半径补偿

数控车削加工程序一般是针对车刀刀尖沿零件轮廓的加工路径进行编制的。刀尖点通常为理想状态下的假想刀尖点 A（假想刀尖点实际并不存在，使用假想刀尖点编程时可以不考虑刀尖半径的影响）或者刀尖圆弧圆心点 O，如图 3-23 所示。但在实际加工和应用中，为了提高刀尖的强度，满足工艺或其他要求，刀尖往往不是一个理想点，而是加工出一小段圆弧。切削加工时，用假想刀尖点编制的程序加工端面、外径、内径等与轴线平行或垂直的表面（单轴）时，是不会产生误差的。但在倒角、切削圆锥面及圆弧面（两轴联动）时，则会产生少切或过切现象（图 3-24），影响了零件的加工质量。

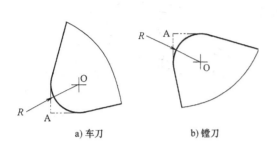

图 3-23　车刀和镗刀的假想刀尖点

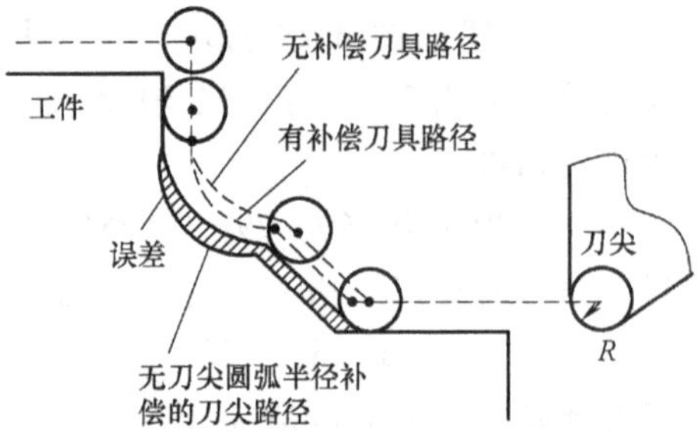

图 3-24　无刀尖圆弧半径补偿引起的少切或过切

（1）刀尖圆弧半径补偿指令（图 3-25）

G41：刀尖圆弧半径左补偿指令，从 Y 轴正方向向负方向观察，沿着进给方向看，刀尖位置应在编程轨迹的左边。

G42：刀尖圆弧半径右补偿指令，从 Y 轴正方向向负方向观察，沿着进给方向看，刀尖位置应在编程轨迹的右边。

G40：取消刀尖圆弧半径补偿指令。此时，刀尖运动轨迹与编程轨迹一致。

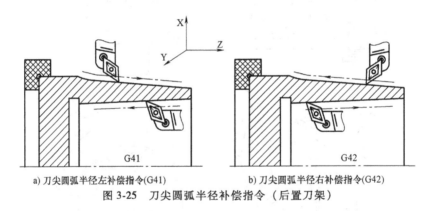

a) 刀尖圆弧半径左补偿指令(G41)　　　　　　b) 刀尖圆弧半径右补偿指令(G42)

图 3-25　刀尖圆弧半径补偿指令（后置刀架）

（2）刀尖圆弧半径补偿指令说明

1）G41、G42、G40 指令不能与圆弧切削指令编制在同一个程序段内，可与 G00、G01 指令在同一程序段中出现。

2）在调用新刀具前或更改刀尖圆弧半径补偿方向时，必须先取消刀尖圆弧半径补偿。

3）G41、G42 指令的判断是以朝着工件所在平面（XOZ）的垂直轴负向（-Y）看为依据的。

4）在 G41（G42）方式下，不要再指定 G41（G42）方式，否则补偿会出错；当补偿值取负数时，G41 和 G42 将互相转化。

5）在 G41（G42）指令后不能连续出现两个或两个以上的非移动指令。

（3）圆弧车刀切削沿位置的确定

数控车床采用刀尖圆弧半径补偿指令进行加工时，如果刀具的刀尖形状和切削时所处的位置（即刀具切削沿位置）不同，那么，刀尖圆弧半径的补偿量与补偿方向也不同。根据刀尖形状及刀尖位置的不同，数控车削刀具的切削沿位置共有九种，如图 3-26 所示。常用车刀的刀沿位置号如图 3-27 所示。

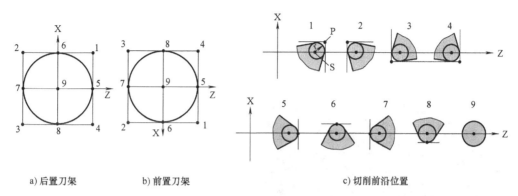

a) 后置刀架　　　　b) 前置刀架　　　　　　　c) 切削前沿位置

图 3-26　数控车削刀具的切削沿位置

P—假想刀尖点　S—刀具切削沿圆心位置　r—刀尖圆弧半径

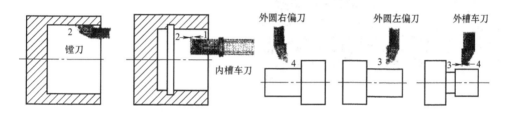

a) 后置刀架，+Y轴向外时的刀沿号

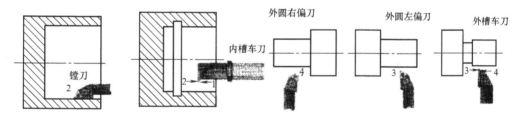

b) 前置刀架，+Y轴向内时的刀沿号

图 3-27　常用车刀的刀沿位置号

选择正确的刀沿位置号后，应在机床操作面板上的设定参数界面中输入所需刀具的刀沿位置号。如图 3-28 所示，刀具的刀沿位置号为 3 号。

 知识拓展——圆锥相关知识

1. 圆锥的概念及各部分尺寸的计算

由圆锥表面和一个截它的平面（满足交线为圆）组成的空间几何图形，称为圆锥。圆锥体表面是圆柱体表面的特殊形式。它们的区别在于圆柱体表面的素线与轴线平行，而圆锥体表面的素线与轴线成一个角度。所以在车削圆柱体表面时，要求车刀的移动轨迹与轴线平行；而车削圆锥体表面时，则要求车刀的移动轨迹与轴线成一个角度。

（1）圆锥的四个基本参数　圆锥各部分的名称如图 3-29 所示，它有以下四个基本参数：

1）圆锥半角 $\alpha/2$ 或锥度 C。

2）最大圆锥直径 D。

3）最小圆锥直径 d。

4）圆锥长度 L。

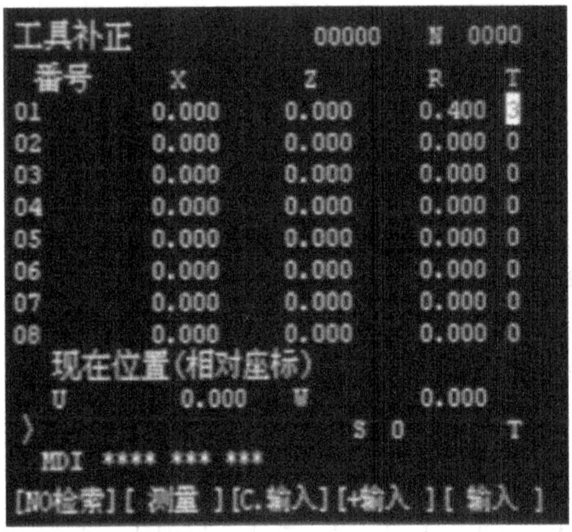

图 3-28　刀沿位置号设定界面

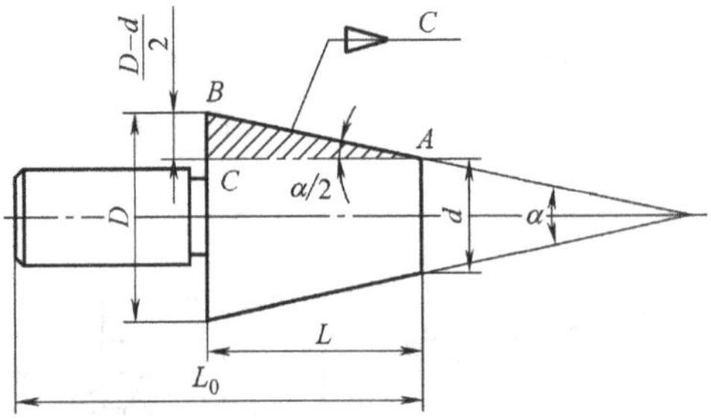

图 3-29　圆锥各部分的名称

L_0—工件全长

锥度是两个垂直于圆锥轴线的截面的直径差与这两个截面之间轴向距离的比值，即

$$C = (D-d)/L$$

（2）圆锥三要素的标注方法和计算

由于设计基准、测量方法等的不同，在图样中圆锥的标注方法也不一致，在圆锥的四个基本参数中，只要知道其中任意三个参数，即可计算出另一个未知参数。也就是说，在图样中标注出圆锥的三个基本参数，该圆锥便已知了，称这三个基本参数为圆锥的三要素。圆锥三要素的标注方法和计算见表 3-33 所示。

表 3-33　圆锥三要素的标注方法和计算

图示	说明	计算公式
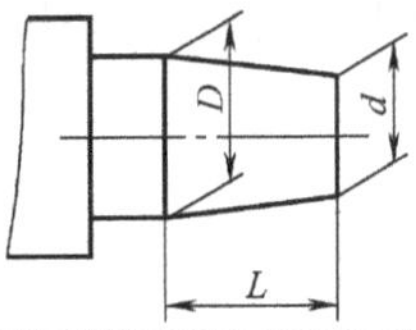	图样上标注圆锥的 D、d 及 L，需要计算 C 和 $\alpha/2$	$C = (D-d)/L$ $\tan(\alpha/2) = (D-d)/(2L)$
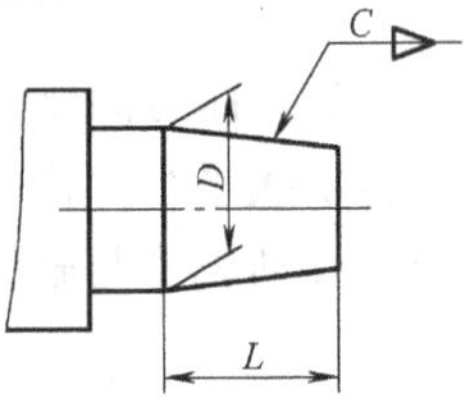	图样上标注圆锥的 D、C 及 L，需要计算 d 和 $\alpha/2$	$d = D - CL$ $\tan(\alpha/2) = C/2$

（续）

图示	说明	计算公式
	图样上标注圆锥的 D、L 及 $\alpha/2$，需要计算 d 和 C	$d = D - 2L\tan(\alpha/2)$ $C = 2\tan(\alpha/2)$
	图样上标注圆锥的 C、d 及 L，需要计算 D 和 $\alpha/2$	$D = d + CL$ $\tan(\alpha/2) = C/2$

2. 标准工具圆锥

为了使用方便和降低生产成本，常用工具、刀具上的圆锥都已标准化，圆锥的各部分尺寸可按照规定的几个号码来制造，使用时只要号码相同，就能互配。标准工具圆锥已在国际上通用，即不论是哪一个国家生产的机床或工具，只要符合标准工具圆锥的尺寸，就都能达到互配。

常用的标准工具圆锥有米制圆锥和莫氏圆锥两种。

（1）米制圆锥 米制圆锥共有八个号码，即 4 号、6 号、80 号、100 号、120 号、140号、160 号和 200 号。它的号码是指圆锥的最大圆锥直径，其锥度固定不变，即 $C = 1:20$。圆锥半角 $\alpha/2 = 1°25'56''$。

（2）莫氏圆锥 莫氏圆锥是机器制造业中应用最广泛的一种工具圆锥，如车床主轴孔、顶尖、钻头柄部及铰刀柄部都是莫氏圆锥。莫氏圆锥分成七个号码，即 0、1、2、3、4、5、6，最小的是 0 号，最大的是 6 号。莫氏圆锥是从寸制换算来的。当号数不同时，锥度和圆锥半角都不同。

莫氏圆锥的锥度和圆锥半角见表 3-34。

表 3-34 莫氏圆锥的锥度和圆锥半角

莫氏锥度	锥度 $[C = 2\tan(\alpha/2)]$	圆锥角 (α)	圆锥半角 $(\alpha/2)$
No. 0	$1:19.212 = 0.05204$	$2°58'54''$	$1°29'27''$
No. 1	$1:20.047 = 0.04987$	$2°51'27''$	$1°25'43''$
No. 2	$1:20.020 = 0.04994$	$2°51'41''$	$1°25'51''$
No. 3	$1:19.992 = 0.05019$	$2°52'31''$	$1°26'26''$
No. 4	$1:19.254 = 0.05193$	$2°58'30''$	$1°29'15''$
No. 5	$1:19.002 = 0.05261$	$3°0'52''$	$1°30'26''$
No. 6	$1:19.180 = 0.05213$	$2°59'12''$	$1°29'36''$

3. 关于 R（半径差值）正负的说明

从起点沿 X 轴正向切削时，由圆锥小端向大端切削，R 用负值指定，如图 3-30 所示，X值由小至大。

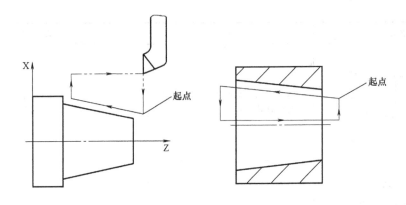

a) 外圆锥面正向切削示意图   b) 内圆锥面正向切削示意图

图 3-30　圆锥面正向切削示意图

从起点沿 X 轴负向切削时，由圆锥大端向小端切削，R 用正值指定，如图 3-31 所示，X 值由大至小。

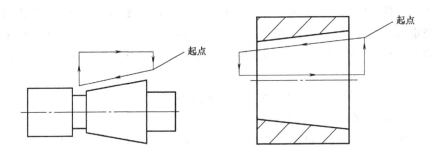

a) 外圆锥面负向切削示意图   b) 内圆锥面负向切削示意图

图 3-31　圆锥面负向切削示意图

 试一试

加工图 3-32 所示零件，编写数控加工程序，确定合适的进给路线并选择刀具，确定工艺参数，然后在数控车床上进行车削加工。加工完毕后按照表 3-35 进行检测和评价。

表 3-35　异形轴二加工评分表

序号	考核项目	考核内容及要求	评分标准	配分	检测结果	得分	备注
1	工艺	工艺方案符合加工顺序	1) 工件定位、夹紧及刀具选择合理 2) 加工顺序及进给路线合理	10			
2	编程	程序格式正确，指令使用合理	1) 指令正确，程序完整 2) 切削参数、坐标系选择正确、合理	5			
3	对刀	刀具安装正确，参数设置正确	坐标系选择正确、合理	10			

（续）

序号	考核项目	考核内容及要求	评分标准	配分	检测结果	得分	备注
4	长度	$56_{-0.1}^{0}$ mm	每超差 0.02mm 扣 3 分	10			
		$20_{-0.05}^{0}$ mm		10			
5	外圆	$\phi32_{-0.02}^{+0.01}$ mm	每超差 0.01mm 扣 3 分	12			
		$\phi44_{-0.03}^{0}$ mm		12			
6	锥度	1：2.5	超差全扣	6			
7	表面粗糙度	$Ra3.2\mu m$	每降一级扣 3 分	10			
8	安全文明生产	遵守机床安全操作规程	不符合安全操作规程酌情扣 1~5 分	5			
9	发生重大事故（人身和设备安全事故）、严重违反工艺原则和情节严重的野蛮操作等，取消实操资格						
记录员			检验员				

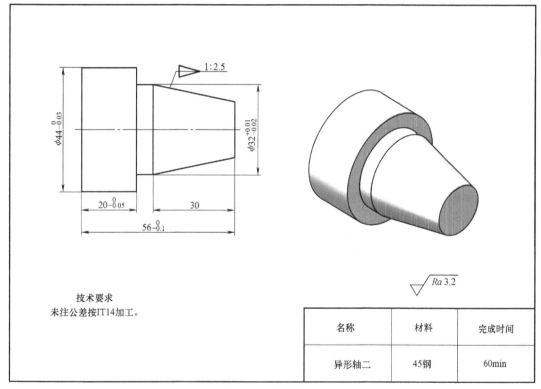

技术要求
未注公差按IT14加工。

名称	材料	完成时间
异形轴二	45钢	60min

图 3-32　异形轴二

任务二　圆弧面车削加工

 工作任务

1. 任务描述

按图 3-33 所示要求加工零件，确定合适的进给路线并选择刀具，确定工艺参数，然后在机床上进行切削加工。

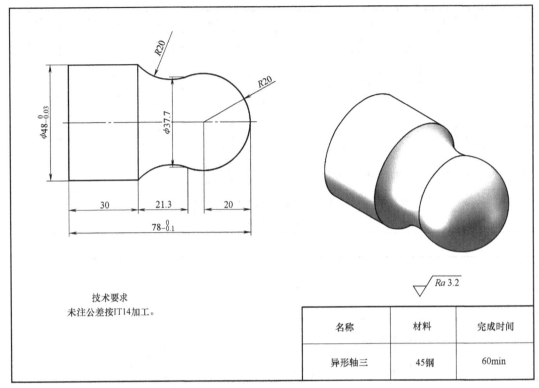

技术要求
未注公差按IT14加工。

名称	材料	完成时间
异形轴三	45钢	60min

图 3-33　异形轴三

2. 任务准备

（1）**读懂零件图**　本任务为圆弧面车削加工，识读图 3-33 所示异形轴三图样并填写表 3-26。

表 3-36　从异形轴三图样中读到的信息

识读内容	读到的信息
零件名称	
零件材料	
零件形状	
零件图中的重要尺寸	
表面粗糙度要求	
技术要求	

（2）选择装夹方法

想一想

图 3-33 所示异形轴应该选择何种装夹方法？

（3）**选择加工工艺参数**　参考表 3-2 和表 3-3，完成表 3-37。

表 3-37 选择异形轴三的加工工艺参数

工步号	工步内容	刀具号	刀具类型	参数设置		备注
				主轴转速/（r/min）	进给量/（mm/r）	

（4）确定加工工艺路线

1）用自定心卡盘夹持毛坯右端，车削左端面、外圆 ϕ48mm。

2）调头装夹，车削工件右端面，控制总长。

3）以工件右端面中心为原点建立工件坐标系，用93°外圆车刀加工外圆、圆弧面。

（5）编制异形轴三数控加工工艺卡片（表3-38）

表 3-38 异形轴三数控加工工艺卡片

工序号	程序号	工步号	工步内容	刀具号	参数设置			备注
					主轴转速/（r/min）	进给量/（mm/r）	背吃刀量/mm	

（6）参考程序　异形轴三右端数控加工程序见表3-39（FANUC 0i系统，G02/G03/G73）。

表 3-39 异形轴三右端数控加工程序

程序	说明
O0001；	程序名
T0101；	调用1号车刀，设定工件坐标系
M03 S1000；	主轴正转，转速为1000 r/min
G00 X52. Z2. M08；	刀具快速定位，打开切削液
G73 U25. R23；	调用粗车循环指令
G73 P1 Q2 U1. W0. F0.3；	设置精车循环余量，粗车进给量为0.3mm/r
N1 G00 X0.；	快速定位
G01 Z0. F0.1；	接近工件，精车循环进给量为0.1mm/r
G03 X40. Z-20. R20.；	车削圆弧
G03 X37.7 Z-26.7. R20.；	车削圆弧
G02 X48. Z-48. R20.；	车削圆弧
N2 G01 X52.；	X向退出

（续）

程序	说明
G00 Z100. ;	Z 向退出
M09 ;	关闭切削液
M05 ;	主轴停转
M00 ;	程序暂停
T0101 ;	调用 1 号车刀，设定工件坐标系
M03 S1200 ;	主轴正转，转速为 1200r/min
G00 G42 X52. Z2. M08 ;	刀具快速定位，建立刀尖圆弧半径补偿，打开切削液
G70 P1 Q2 ;	精车循环
G00 G40 Z100. ;	Z 向退刀，刀尖圆弧半径补偿撤销
M09 ;	关闭切削液
M05 ;	主轴停转
M30 ;	程序结束并复位

 任务实施

1. 操作准备

1）CK6140 型数控车床。

2）45 钢毛坯，尺寸为 ϕ50mm×80mm。

3）异形轴三数控加工刀具卡（表 3-40）。

表 3-40　异形轴三数控加工刀具卡

刀具号	刀具名称	刀片规格	参考图片	备注
T01	93°外圆车刀	35°菱形，R0.4mm		

4）异形轴三数控加工工具、量具卡（表 3-41）。

表 3-41　异形轴三数控加工工具、量具卡

序号	工具、量具名称	规格	参考图片	备注
1	钢直尺	0~150mm		
2	游标卡尺	0~150mm		
3	外径千分尺	25~50mm		

（续）

序号	工具、量具名称	规格	参考图片	备注
4	半径样板			
5	卡盘、刀架钥匙			

2. 任务考核表

（1）圆弧面车削加工操作技能总成绩表（表3-42）

表3-42 圆弧面车削加工操作技能总成绩表

序号	任务名称	配分	得分	备注
1	现场操作规范	10		
2	零件加工质量	90		
	合计	100		

（2）圆弧面车削加工现场操作规范评分表（表3-43）

表3-43 圆弧面车削加工现场操作规范评分表

序号	项目	考核内容及要求	配分	得分	备注
1	现场操作规范	正确摆放工具、量具	2		
2		机床操作规范	4		
3		合理选择刀具	2		
4		设备日常维护	2		
	合计		10		

（3）圆弧面车削加工零件质量评分标准（表3-44）

表3-44 圆弧面车削加工零件质量评分标准

序号	考核项目	考核内容及要求	评分标准	配分	检测结果	得分	备注
1	工艺	工艺方案符合加工顺序	1）工件定位、夹紧及刀具选择合理 2）加工顺序及进给路线合理	12			
2	编程	程序格式正确,指令使用合理	1）指令正确,程序完整 2）切削参数、坐标系选择正确、合理	10			
3	对刀	刀具安装正确,参数设置正确	坐标系选择正确、合理	12			

（续）

序号	考核项目	考核内容及要求	评分标准	配分	检测结果	得分	备注
4	长度	$78_{-0.1}^{0}$ mm	每超差 0.02mm 扣 3 分	12			
5	外圆	$\phi 48_{-0.03}^{0}$ mm	每超差 0.01mm 扣 3 分	15			
6	圆弧	R20mm（两处）	超差全扣	12			
7	表面粗糙度	Ra3.2μm	每降一级扣 4 分	12			
8	安全文明生产	遵守机床安全操作规程	不符合安全操作规程酌情扣 1~5 分	5			
9	发生重大事故(人身和设备安全事故)、严重违反工艺原则和情节严重的野蛮操作等,取消实操资格						
记录员			检验员				

3. 操作步骤

1）开机。打开机床电源，启动数控系统。

2）回参考点操作。

3）装夹零件、刀具。

4）对刀，设定工件坐标系。

5）输入程序。

6）校验程序。

7）自动加工零件。

8）检测零件并上交。

▶ 操作注意事项

1）安装毛坯时，要夹紧毛坯，防止毛坯在试切时发生松动，损坏刀具。

2）安装刀具时，应注意刀具高度和伸出长度。

3）校验程序时，需要检查程序的语法错误和走刀点位置是否正确。

4）空运行完成后机床必须回参考点。

5）使用单步操作时，应注意刀具位置坐标与圆弧起、止点是否相符。

6）在加工过程中应注意观察，出现紧急情况时立即按下急停按钮。

7）注意换刀点的选择，防止撞刀。

8）加工后要去除零件边棱处的毛刺。

▶ 知识链接

1. G02/G03 指令的两种不同用法（FANUC 0i 系统）

（1）指定半径的圆弧插补指令

格式：G02/G03 X(U)＿ Z(W)＿ R ＿ F ＿；

说明：

1）X、Z 的值是指圆弧插补的终点坐标值。

2）U、W 是圆弧终点相对于圆弧起点在 X、Z 轴方向上的坐标增量。

3）R 为指定圆弧半径，当圆弧的圆心角≤180°时，R 值为正；当圆弧的圆心角>180°时，R 值为负。

（2）指定圆心的圆弧插补指令

格式：G02/G03 X __ Z __ I __ K __ F __；

说明（图 3-34）：

1）X、Z 的值是指圆弧插补的终点坐标值。

2）I、K 是指圆心相对于圆弧起点的增量坐标，与 G90、G91 指令无关，用半径值表示。

3）当 I、K 和 R 同时被指定时，R 指令优先，I、K 值无效。

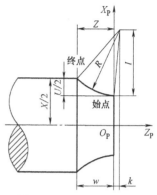

图 3-34　圆弧的圆心坐标

2. 前、后置刀架圆弧插补方向判断

沿着垂直于圆弧所在平面的坐标轴（Y 轴）负方向看，顺时针为 G02，逆时针为 G03，如图 3-35 所示。

3. 半径样板

半径样板（图 3-36）是利用光隙法测量圆弧半径的工具。测量时，必须使半径样板的测量面与工件的圆弧完全紧密接触，当测量面与工件的圆弧之间没有间隙时，工件的圆弧半径即为半径样板上对应的数字。由于是通过光隙目测，所以半径样板测量的准确度不高，只能用于定性测量。

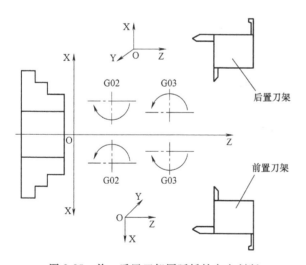

图 3-35　前、后置刀架圆弧插补方向判断

图 3-36　半径样板

4. 车削异形轴零件时的注意事项

1）注意刀具几何参数的选择，主偏角一般取 30°～90°，刀尖角取 35°～55°，以保证刀尖位于刀具的最前端，避免刀具产生过切、干涉（图 3-37）。

2）采用刀尖圆弧半径补偿指令进行编程时，圆弧切点坐标的计算一定要精确，以保证加工时圆弧与圆弧之间连接光滑。

▶ 知识拓展——倒角的方法

1. 45°倒角指令

由轴向切削向端面切削倒角，即由 Z 轴
方向向 X 轴方向倒角，编程格式为：G01 Z
（W）__ C（I）__ F __;

I 的正负根据倒角是向 X 轴正向还是负
向来定，如图 3-38a 所示。

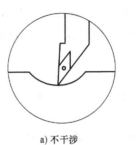
a) 不干涉

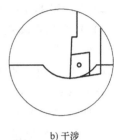
b) 干涉

图 3-37 刀具干涉

由端面切削向轴向切削倒角，即由 X 轴
方向向 Z 轴方向倒角，编程格式为：G01 X（U）__ C（K）__ F __;

K 的正负根据倒角是向 Z 轴正向还是负向来定，如图 3-38b 所示。

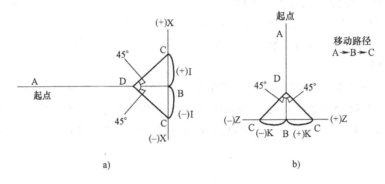

图 3-38 45°倒角指令

2. 倒圆角指令

由轴向切削向端面切削倒圆角，即由 Z 轴方向向 X 轴方向倒圆角，编程格式为：G01 Z
（W）__ R __ F __;

R 的正负根据倒角是向 X 轴正向还是负向来定，如图 3-39a 所示。

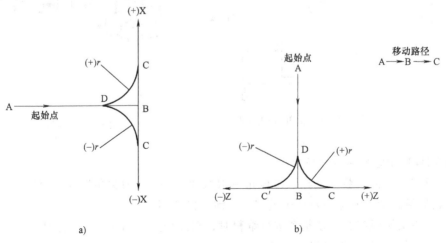

图 3-39 倒圆角指令

由端面切削向轴向切削倒圆角，即由 X 轴方向向 Z 轴方向倒圆角，编程格式为：G01 X（U）＿ R ＿ F ＿；

R 的正负根据倒角是向 Z 轴正向还是负向来定，如图 3-39b 所示。

执行 45°倒角或倒圆角指令时，刀具的移动必须是以 G01 方式沿 X 轴或 Z 轴方向的单轴移动，下一个程序段则必须是沿垂直于前一个程序段的移动方向的单轴移动。I 或 K 和 R 的命令值为半径编程。

试一试

加工图 3-40 所示零件，编写数控加工程序，确定合适的进给路线并选择刀具，确定工艺参数，然后在数控车床上进行车削加工。加工完毕后按照表 3-45 进行检测和评价。

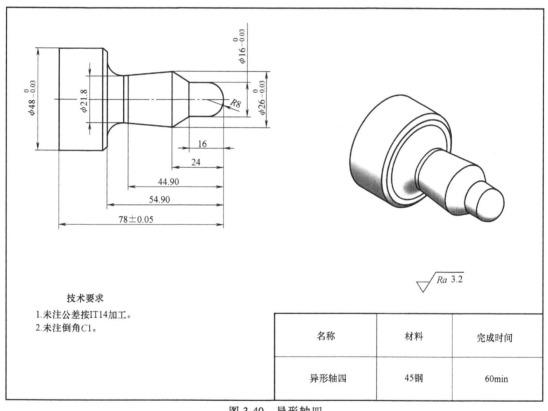

技术要求
1.未注公差按IT14加工。
2.未注倒角C1。

名称	材料	完成时间
异形轴四	45钢	60min

图 3-40 异形轴四

表 3-45 异形轴四加工评分表

序号	考核项目	考核内容及要求	评分标准	配分	检测结果	得分	备注
1	工艺	工艺方案符合加工顺序	1）工件定位、夹紧及刀具选择合理 2）加工顺序及进给路线合理	10			
2	编程	程序格式正确,指令使用合理	1）指令正确,程序完整 2）切削参数、坐标系选择正确、合理	10			

（续）

序号	考核项目	考核内容及要求	评分标准	配分	检测结果	得分	备注
3	对刀	刀具安装正确,参数设置正确	坐标系选择正确、合理	5			
4	长度	78±0.05mm	每超差0.02mm扣3分	10			
5	外圆	$\phi16_{-0.03}^{0}$mm	每超差0.01mm扣3分	10			
		$\phi26_{-0.03}^{0}$mm		10			
		$\phi48_{-0.03}^{0}$mm		10			
6	圆弧	R8mm	每超差0.01mm扣3分	10			
7	表面粗糙度	Ra3.2μm	每降一级扣4分	10			
8	安全文明生产	遵守机床安全操作规程	不符合安全操作规程酌情扣1～5分	5			
9	发生重大事故(人身和设备安全事故)、严重违反工艺原则和情节严重的野蛮操作等,取消实操资格						
记录员			检验员				

模块三 多台阶轴加工

学习目标

1）会识读多台阶轴零件图。
2）能正确制订多台阶轴加工工艺、确定工艺参数。
3）能正确选用多台阶轴车削加工的刀具。
4）能利用数控车床进行多台阶轴的车削加工。
5）会使用常用量具对多台阶轴零件进行检测。
6）遵守数控车工安全操作规程。
7）培养学生实事求是的工作态度。

学习导入

多台阶轴是在数控车床上加工的典型零件之一。它最主要的作用是定位安装其上的零件,高低不同的轴肩可以限制轴上零件沿轴线方向的运动或运动趋势,防止所安装的零件在工作中产生滑移,并能减小工作中由一些零件产生的轴向压力对其他零件的影响。多台阶轴的车削是车削加工中的基本技能。

工作任务

1. 任务描述

按图3-41所示要求加工零件,确定合适的进给路线并选择刀具,确定工艺参数,然后在机床上进行切削加工。

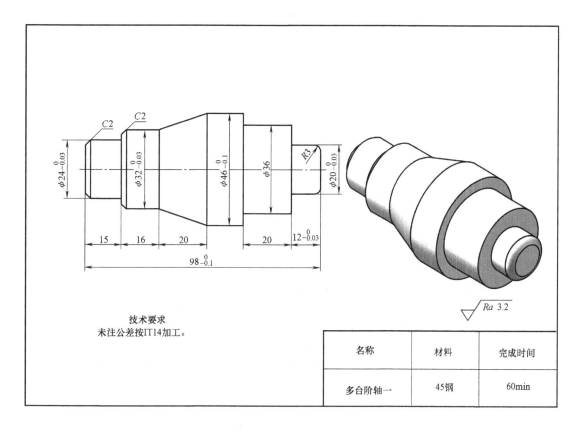

图 3-41 多台阶轴一

2. 任务准备

（1）**读懂零件图** 本任务为台阶车削加工，识读图 3-41 所示多台阶轴一图样并填写表 3-46。

表 3-46 从多台阶轴一图样中读到的信息

识读内容	读到的信息
零件名称	
零件材料	
零件形状	
零件图中的重要尺寸	
表面粗糙度要求	
技术要求	

（2）**选择装夹方法**

想一想

图 3-41 所示多台阶轴先加工哪一端更合理？

（3）**选择加工工艺参数** 参考表 3-2 和表 3-3，完成表 3-47。

表 3-47　选择多台阶轴一的加工工艺参数

工步号	工步内容	刀具号	刀具类型	参数设置		备注
				主轴转速/(r/min)	进给量/(mm/r)	

（4）确定加工工艺路线

1）用自定心卡盘夹持毛坯左端，棒料伸出爪外 55mm。

2）用 93°外圆车刀加工端面。

3）以工件右端面中心为原点建立工件坐标系，粗、精加工 $\phi20$mm、$\phi36$mm、$\phi46$mm 外轮廓至图样尺寸，保证长度尺寸。

4）调头装夹 $\phi36$mm 外圆，车削左端面并控制总长，在左端面中心处建立工件坐标系。

5）粗、精加工 $\phi24$mm、$\phi32$mm、外圆锥面轮廓，符合图样尺寸要求。

（5）编制多台阶轴一数控加工工艺卡片（表3-48）

表 3-48　多台阶轴一数控加工工艺卡片

工序号	程序号	工步号	工步内容	刀具号	参数设置			备注
					主轴转速/(r/min)	进给量/(mm/r)	背吃刀量/mm	

（6）参考程序　多台阶轴一数控加工程序见表3-49和表3-50（FANUC 0i 系统）。

表 3-49　多台阶轴一右端数控加工程序

程序	说明
O0001;	程序名
T0101;	调用1号车刀,设定工件坐标系
M03 S1000;	主轴正转,转速为1000r/min
G00 X52. Z2. M08;	刀具快速定位,打开切削液
G71 U1. R1.;	调用粗车循环指令
G71 P1 Q2 U1. W0. F0.3;	设置精车循环余量,粗车进给量为 0.3mm/r
N1 G00 X14.;	快速定位
G01 Z0. F0.1;	接近工件,精车循环进给量为 0.1mm/r

（续）

程序	说明
G03 X20. Z-3. R3. ;	倒圆角
G01 Z-12. ;	Z 向进给
G01 X36. ;	X 向进给
G01 Z-32. ;	Z 向进给
G01 X46. ;	X 向进给
G01 Z-57. ;	Z 向进给
N2 G01 X52. ;	X 向退出
G00 Z100. ;	Z 向退出
M09 ;	关闭切削液
M05 ;	主轴停转
M00 ;	程序暂停
T0101 ;	调用 1 号车刀,设定工件坐标系
M03 S1200 ;	主轴正转,转速为 1200r/min
G00 G42 X52. Z5. M08 ;	刀具快速定位,建立刀尖圆弧半径补偿,打开切削液
G70 P1 Q2 ;	精车循环
G00 G40 Z100. ;	Z 向退刀,刀尖圆弧半径补偿撤销
M09 ;	关闭切削液
M05 ;	主轴停转
M30 ;	程序结束并复位

表 3-50　多台阶轴一左端数控加工程序

程序	说明
O00002 ;	程序名
T0101 ;	调用 1 号车刀,设定工件坐标系
M03 S1000 ;	主轴正转,转速为 1000r/min
G00 X52. Z2. M08 ;	刀具快速定位,打开切削液
G71 U1. R1. ;	调用粗车循环指令
G71 P1 Q2 U1. W0. F0.3 ;	设置精车循环余量,粗车进给量为 0.3mm/r
N1 G00 X20. ;	快速定位
G01 Z0. F0.1 ;	接近工件,精车循环进给量为 0.1mm/r
G01 X24. Z-2. ;	倒角
G01 Z-15. ;	Z 向进给
G01 X28. ;	X 向进给
G01 X32. Z-17. ;	倒角
G01 Z-31. ;	Z 向进给
G01 X46. Z-51. ;	加工圆锥面

（续）

程序	说明
N2 G01 X52. ；	X 向退出
G00 Z100. ；	Z 向退出
M09；	关闭切削液
M05；	主轴停转
M00；	程序暂停
T0101；	调用 1 号车刀，设定工件坐标系
M03 S1200；	主轴正转，转速为 1200r/min
G00 G42 X52. Z2. M08；	刀具快速定位，建立刀尖圆弧半径补偿，打开切削液
G70 P1 Q2 ；	精车循环
G00 G40 Z100. ；	Z 向退刀，刀尖圆弧半径补偿撤销
M09；	关闭切削液
M05；	主轴停转
M30；	程序结束并复位

 任务实施

1．操作准备

1）CK6140 型数控车床。

2）45 钢毛坯，尺寸为 ϕ50mm×100mm。

3）多台阶轴—数控加工刀具卡（表 3-51）。

表 3-51　多台阶轴—数控加工刀具卡

刀具号	刀具名称	刀片规格	参考图片	备注
T01	93°外圆车刀	35°菱形，R0.4mm		

4）多台阶轴—数控加工工具、量具卡（表 3-52）。

表 3-52　多台阶轴—数控加工工具、量具卡

序号	工具、量具名称	规格	参考图片	备注
1	钢直尺	0~150mm		
2	游标卡尺	0~150mm		
3	游标深度卡尺	0~200mm		

（续）

序号	工具、量具名称	规格	参考图片	备注
4	外径千分尺	0~25mm		
		25~50mm		
5	卡盘、刀架钥匙			

2. 任务考核表

（1）台阶车削加工操作技能总成绩表（表3-53）

表 3-53　台阶车削加工操作技能总成绩表

序号	任务名称	配分	得分	备注
1	现场操作规范	10		
2	零件加工质量	90		
	合计	100		

（2）台阶车削加工现场操作规范评分表（表3-54）

表 3-54　台阶车削加工现场操作规范评分表

序号	项目	考核内容及要求	配分	得分	备注
1	现场操作规范	正确摆放工具、量具	2		
2		机床操作规范	4		
3		合理选择刀具	2		
4		设备日常维护	2		
	合计		10		

（3）台阶车削加工零件质量评分表（表3-55）

表 3-55　台阶车削加工零件质量评分表

序号	考核项目	考核内容及要求	评分标准	配分	检测结果	得分	备注
1	工艺	工艺方案符合加工顺序	1）工件定位、夹紧及刀具选择合理 2）加工顺序及进给路线合理	10			

（续）

序号	考核项目	考核内容及要求	评分标准	配分	检测结果	得分	备注
2	编程	程序格式正确,指令使用合理	1）指令正确,程序完整 2）切削参数、坐标系选择正确、合理	10			
3	对刀	刀具安装正确,参数设置正确	坐标系选择正确、合理	10			
4	长度	$12_{-0.03}^{0}$ mm	每超差 0.01mm扣 3 分	8			
		$98_{-0.1}^{0}$ mm	每超差 0.01mm扣 3 分	7			
5	外圆	$\phi20_{-0.03}^{0}$ mm	每超差 0.01mm扣 3 分	8			
		$\phi24_{-0.03}^{0}$ mm	每超差 0.01mm扣 3 分	8			
		$\phi32_{-0.03}^{0}$ mm	每超差 0.01mm扣 3 分	8			
		$\phi46_{-0.1}^{0}$ mm	每超差 0.01mm扣 3 分	8			
6	表面粗糙度	$Ra3.2\mu m$	降级不得分	8			
7	安全文明生产	遵守机床安全操作规程	不符合安全操作规程酌情扣 1~5 分	5			
8	发生重大事故(人身和设备安全事故)、严重违反工艺原则和情节严重的野蛮操作等,取消实操资格						
记录员			检验员				

3. 操作步骤

1）开机。开机前,应先进行机床开机前的检查,然后打开机床电源,启动数控系统。

2）回参考点操作。

3）装夹零件、刀具。

4）对刀,设定工件坐标系。

5）输入程序。

6）校验程序。

7）自动加工零件。

8）检测零件并上交。

▶ 操作注意事项

1）安装毛坯时,要夹紧毛坯,防止毛坯在试切时发生松动,损坏刀具。

2）安装刀具时,刀尖应与主轴回转中心等高,防止车削端面至中心时损坏刀具。

3）两头加工时,注意每次装拆时装夹位置的选择。

4）校验程序时,要检查程序的语法错误和走刀点位置是否正确。

5）开始加工时,检查机床的快速倍率和进给倍率是否处在较低档位。

6）空运行完成后机床必须回参考点。

7）在加工过程中应注意观察，出现紧急情况时立即按下急停按钮。

8）加工后要去除零件边棱处的毛刺。

 **知识链接**

轴类零件加工中的常见问题及其原因

1. 尺寸超差

零件尺寸超差往往是由于操作者对刀不准确、尺寸计算错误造成的，这就需要重新对刀，以及在加工过程中正确计算工件尺寸。

2. 表面粗糙度值大

零件表面粗糙度值大有可能是由于刀具安装得过高、在切削过程中产生积屑瘤、刀具磨损等原因造成的。在加工过程中，应及时关注零件加工情况，可采取调整刀具高度、合理选择切削速度、调换刀片等方法来降低表面粗糙度值。

3. 出现振动现象

在加工过程中出现振动，往往是由于工件安装不正确、刀杆伸出过长、切削用量选择不当引起的。因此，安装工件时应保证装夹刚度；安装刀具时刀杆不宜伸出过长，能满足加工要求即可；在加工过程中，要及时调整切削用量，以保证能平稳地加工工件。

▶ 知识拓展——端面粗车复合循环指令G72

端面粗车复合循环指令 G72 与 G71 指令类似，不同的是 G72 指令首先沿 Z 向进刀 Δd，完成 X 向切削后以 e 值沿 45° 方向退刀，如此循环，直至粗加工余量被切除为止。

1. 格式

G72 W(Δd) R(e)；

G72 P(ns) Q(nf) U(Δu) W(Δw) F(f) S(s) T(t)；

其中　Δd——每次 Z 轴方向循环的切削深度（无正负号）；

　　　e——每次 Z 轴方向的退刀量；

　　　ns——精加工轮廓程序段中的开始程序段号；

　　　nf——精加工轮廓程序段中的结束程序段号；

　　　Δu——X 轴方向精加工余量（直径量）；

　　　Δw——Z 轴方向精加工余量；

f、s、t——粗车时的 F、S、T 指令。

G72 指令为端面粗车复合循环指令，适用于径向尺寸大于轴向尺寸的工件的粗车循环加工。G72 指令的循环进给路线如图 3-42 所示。

2. 其他说明

1）在使用 G72 指令进行粗加工时，只有包含在 G72 程序段中的 F、S、T 功能有效，而包含在 ns、nf 程序段中的 F、S、T 指令对粗车循环无效。

2）在 G72 切削循环下，切削进给方向平行于 X

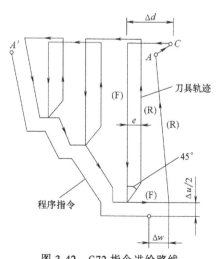

图 3-42　G72 指令进给路线

（F）—切削进给　（R）—快速进给

轴，U（Δu）和 W（Δw）的符号为正时，表示沿轴的正方向移动；符号为负时，表示沿轴的负方向移动。

3）G72 指令必须带有 P、Q 地址 ns、nf，而且要与精加工路径起、止顺序号对应，否则将不能进行加工。

4）n_s 程序段必须为 G00/G01 指令，即从点 A 到点 A' 的动作必须是直线或点定位运动，而且程序段中不应编有 X 向移动指令。

5）在顺序号为 ns 到顺序号为 nf 的程序段中，不能调用子程序。

6）当用恒表面切削速度控制时，$ns \sim nf$ 程序段中指定的 G96、G97 指令无效，应在 G71 程序段以前指定。

7）循环起点应选择在接近工件处，以缩短刀具行程和避免空进给。

G72 指令适用于型材棒料的粗车加工，它将工件切削至精加工之前的尺寸，粗加工后可使用 G70 指令完成精加工。

 试一试

加工图 3-43 所示零件，编写数控加工程序，确定合适的进给路线并选择刀具，确定工艺参数，然后在数控车床上进行车削加工。加工完毕后按照表 3-56 进行检测和评价。

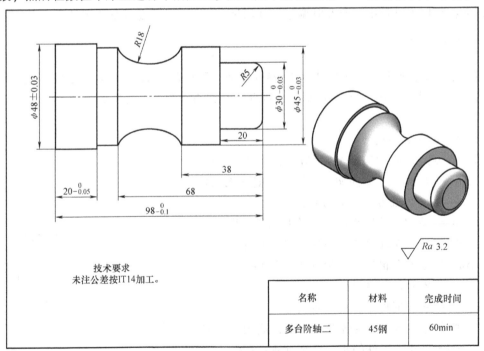

技术要求
未注公差按IT14加工。

名称	材料	完成时间
多台阶轴二	45钢	60min

图 3-43　多台阶轴二

表 3-56　多台阶轴二加工评分标准

序号	考核项目	考核内容及要求	评分标准	配分	检测结果	得分	备注
1	工艺	工艺方案符合加工顺序	1）工件定位、夹紧及刀具选择合理 2）加工顺序及进给路线合理	10			

（续）

序号	考核项目	考核内容及要求	评分标准	配分	检测结果	得分	备注
2	编程	程序格式正确,指令使用合理	1)指令正确,程序完整 2)切削参数、坐标系选择正确、合理	10			
3	对刀	刀具安装正确,参数设置正确	坐标系选择正确、合理	10			
4	长度	$20_{-0.05}^{0}$ mm	每超差 0.01mm 扣 2 分	5			
		$98_{-0.1}^{0}$ mm	每超差 0.01mm 扣 3 分	10			
5	外圆	$\phi 30_{-0.03}^{0}$ mm	每超差 0.01mm 扣 3 分	10			
		$\phi 45_{-0.03}^{0}$ mm	每超差 0.01mm 扣 3 分	10			
		$\phi 48 \pm 0.03$ mm	每超差 0.01mm 扣 3 分	10			
6	表面粗糙度	$Ra3.2\mu m$	降级不得分	10			
7	安全文明生产	遵守机床安全操作规程	不符合安全操作规程酌情扣 1~5 分	5			
8	发生重大事故(人身和设备安全事故)、严重违反工艺原则和情节严重的野蛮操作等,取消实操资格						
记录员			检验员				

项目四

盘套类零件加工

项目描述

盘类零件（图4-1a）的轴向（纵向）尺寸一般远小于径向尺寸，而且最大外圆直径与最小内圆直径相差较大，并以端面面积大为主要特征。这类零件有圆盘、台阶盘以及带有其他形状的齿形盘、花盘、轮盘等。在盘类零件中，多数是作为动力部件，配合轴杆类零件传递运动和转矩。盘类零件的主要表面为内圆面、外圆面及端面等。

套类零件（图4-1b）一般是指带有内孔的零件，其轴向（纵向）尺寸一般略小于或等于径向尺寸，这两个方向的尺寸相差不大，零件的外圆直径与内孔直径相差较小，并以内孔结构为主要特征。套类零件主要是作为旋转零件的支承，在工作中承受轴向力和背向力。套类零件是机械加工中的常见零件，它的应用范围很广。例如，支承旋转轴的各种形式的轴承、夹具上的导向套、内燃机上的气缸套和液压系统中的液压缸等。套类零件的主要表面是内孔和外圆。

a) 钻床带盘

b) 自润滑轴套

图 4-1 盘套类零件

模块一 圆柱直孔加工

学习目标

1) 认识中心钻、麻花钻。

2) 了解在数控车床上钻孔的方法。

3）掌握钻头的安装方法。

4）会选择合适的加工工艺并确定工艺参数。

5）会进行内孔车刀的安装及对刀操作。

6）能利用数控车床进行简单零件的孔加工。

7）会利用常用量具对盘套类零件进行检测。

8）遵守数控车工安全操作规程。

9）养成一丝不苟、认真专注的工作态度。

10）培养质量为先的职业素养，激发爱国主义情怀。

 学习导入

圆柱直孔是机械零件最基本的组成部分之一，圆柱直孔加工是机械加工中的一项基本技能。

案例故事

"我们深孔加工，最讲究的是一个要'正'，一个要'直'。干了这么多年，这两个字一直是我所追求的。我要求它和人生的直线度一样，不能走偏。"在中国兵器工业集团内蒙古北方重工业集团有限公司，戎鹏强是响当当的"镗工大王"。他 1994 年被评为全国劳模，当时只有 29 岁。他的"超长小口径管体深孔钻镗"操作法破解了高压釜出口偏难题，成为超长小口径管体深孔加工领域的顶尖技术，填补了国内空白。2021 年 6 月 4 日，戎鹏强被人力资源社会保障部授予"中华技能大奖"。

任务一　钻　孔

▶ 工作任务

1. 任务描述

按图 4-2 所示要求加工零件，确定合适进给路线并选择刀具，确定工艺参数，然后在机床上进行加工。

2. 任务准备

（1）读懂零件图　本任务为钻孔，识读图 4-2 所示钻孔件一图样并填写表 4-1。

表 4-1　从钻孔件一图样中读到的信息

识读内容	读到的信息
零件名称	
零件材料	
零件形状	
零件图中的重要尺寸	
表面粗糙度要求	
技术要求	

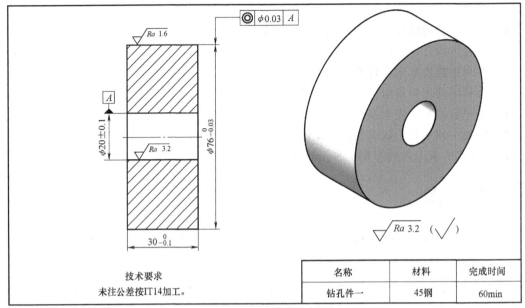

技术要求

未注公差按IT14加工。

名称	材料	完成时间
钻孔件一	45钢	60min

图 4-2　钻孔件一

（2）钻头安装方法的选择　正确安装钻头可使工件在整个钻孔过程中始终保持正确的位置，从而保证工件的加工质量和生产率。四工位数控车床钻孔一般采用尾座人工钻孔，但采用这种方法钻孔时，很难保证孔深的一致性，工人的劳动强度也非常大，很难满足批量生产的要求。还有一种方法是直接把直柄麻花钻压到刀架上，这种方法的效率相对较高。但是，其缺点也非常明显：第一，直柄钻头很难压正、压直；第二，锥柄钻头无法压到刀架上；第三也是非常主要的一个缺点，钻孔过程中钻头难免会被磨损，需要卸下重新磨制，这就导致每次磨完钻头都要重新装夹、找正大大浪费了生产时间。

想一想

加工图 4-2 所示钻孔件时应如何安装钻头？

（3）选择加工工艺参数（表4-2）

表 4-2　选择钻孔件一加工工艺参数

工步号	工步内容	刀具号	刀具类型	参数设置		备注
				主轴转速/(r/min)	进给量/(mm/r)	

（4）确定加工工艺路线

1）用自定心卡盘夹持毛坯外圆，棒料伸出爪外 10mm。

2）用中心钻预钻定位中心孔。

3）用麻花钻钻通孔。

（5）编制钻孔件一数控加工工艺卡片（表4-3）

表 4-3 钻孔件一数控加工工艺卡片

工序号	程序号	工步号	工步内容	刀具号	参数设置			备注
					主轴转速 /(r/min)	进给量 /(mm/r)	背吃刀量 /mm	

▶ **任务实施**

1. 操作准备

1）CK6140 型数控车床。

2）45 钢毛坯，尺寸为 $\phi82mm\times32mm$。

3）钻孔件一数控加工刀具卡（表 4-4）。

表 4-4 钻孔件一数控加工刀具卡

刀具号	刀具名称	刀片规格	参考图片	备注
1	中心钻	$\phi3mm$		尾座安装
2	麻花钻	$\phi20mm$		尾座安装

4）钻孔件一数控加工工具、量具卡（表 4-5）

表 4-5 钻孔件一数控加工工具、量具卡

序号	工具、量具名称	规格	参考图片	备注
1	钢直尺	0~150mm		
2	游标卡尺	0~150mm		
3	尾座钻夹头			
4	尾座钻头转接套			
5	卡盘、刀架钥匙			

2. 任务考核表

(1) 钻孔操作技能总成绩表 (表4-6)

表4-6　钻孔操作技能总成绩表

序号	任务名称	配分	得分	备注
1	现场操作规范	10		
2	零件加工质量	90		
合计		100		

(2) 钻孔现场操作规范评分表 (表4-7)

表4-7　钻孔现场操作规范评分表

序号	项目	考核内容及要求	配分	得分	备注
1		正确摆放工具、量具	2		
2	现场操作规范	机床操作规范	4		
3		合理选择刀具	2		
4		设备日常维护	2		
合计			10		

(3) 钻孔零件质量评分表 (表4-8)

表4-8　钻孔零件质量评分表

序号	考核项目	考核内容及要求	评分标准	配分	检测结果	得分	备注
1	工艺	工艺方案符合加工顺序	1) 工件定位、夹紧及刀具选择合理 2) 加工顺序及进给路线合理	15			
3	对刀	刀具安装正确,参数设置正确	刀具安装正确、合理	20			
4	长度	$30_{-0.1}^{0}$ mm	每超差0.02mm扣3分	10			
5	外圆	$\phi 76_{-0.03}^{0}$ mm	每超差0.01mm扣3分	15			
6	内孔	$\phi(20\pm0.1)$ mm	每超差0.02mm扣3分	15			
7	表面粗糙度	$Ra3.2\mu m$	每降一级扣3分	5			
		$Ra1.6\mu m$		5			
8	安全文明生产	遵守机床安全操作规程	不符合安全操作规程酌情扣1~5分	5			
9	发生重大事故(人身和设备安全事故)、严重违反工艺原则和情节严重的野蛮操作等,取消实操资格						
记录员			检验员				

3. 操作步骤

1) 开机。开机前,应先进行机床开机前的检查,然后打开机床电源,启动数控系统。

2) 回参考点操作。

3) 装夹零件、刀具。

4) 调整尾座到合适位置。

5）加工零件。

6）检测零件并上交。

▶ 操作注意事项

1）安装毛坯时，要夹紧毛坯，防止毛坯试切时因发生松动，损坏钻头。

2）安装钻头时，注意擦干净刀具与尾座连接部分，以防止损坏刀具。

3）在加工过程中要注意观察，出现紧急情况时立即按下急停按钮。

4）加工后要去除零件边棱处的毛刺。

▶ 知识链接

用麻花钻在工件实体部位加工孔的操作称为钻孔。钻孔属于粗加工，可达到的尺寸公差等级为 IT11～IT13 级，表面粗糙度值为 $Ra12.5～50\mu m$。孔类零件的加工方法较多，常用的有钻孔、扩孔、铰孔、镗孔等。

1. 中心钻

常用的中心钻有 A 型和 B 型两种，其形状及相应参数如图 4-3 所示。图 4-4 所示的 A 型中心孔由圆柱部分和圆锥部分组成，圆锥角为 60°。A 型中心钻前面的圆柱部分是中心钻的公称尺寸，以毫米为单位，一般分为 A1、A2、A3 等类型。A 型中心钻通常用于不需要多次使用的零件的孔加工。B 型中心孔是在 A 型中心孔的前端部分多一个 120° 的圆锥保护孔，其作用是保护 60° 锥孔。B 型中心钻可多次使用，主要用于加工预钻孔，为后面的麻花钻钻孔做导向。

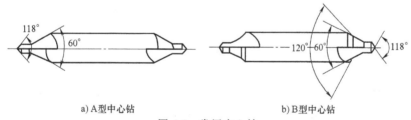

a) A型中心钻　　　　　　　b) B型中心钻

图 4-3　常用中心钻

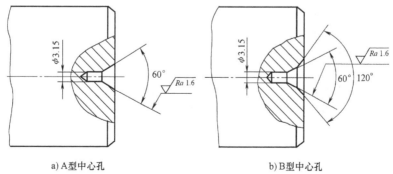

a) A型中心孔　　　　　　　b) B型中心孔

图 4-4　常见中心孔

2. 钻中心孔的方法

1）在钻夹头上装夹中心钻，按逆时针方向旋转钻夹头的外套，使钻夹头的三爪张开，把中心钻插入，然后用钻夹头扳手以顺时针方向转动钻夹头的外套，把中心钻夹紧。

2）在尾座锥孔中装夹钻夹头前，应先擦净钻夹头柄部和尾座锥孔，然后用轴向力把钻夹头装紧。

3）找正尾座中心。将工件装夹在卡盘中开车转动，移动尾座使中心钻接近工件端面，观察中心钻头部是否与工件旋转中心一致，然后找正并紧固尾座。

4）转速的选择和钻削。由于中心孔的直径小，钻削时应取较高的转速，但进给量应小而均匀。当中心钻钻入工件时，应加切削液，以使钻削顺利进行并保证加工面光洁。钻孔完毕后应使中心钻稍做停留，然后再退出，以使中心孔光、圆，确保尺寸准确。

3. 钻中心孔时中心钻易折断的原因

1）工件平面留有小凸头，使中心钻偏斜。

2）中心钻头部未对准工件回转中心。

3）移动尾座时不小心撞断。

4）转速太低，进给量太大。

5）切屑阻塞使中心钻磨损。

4. 钻中心孔时中心孔钻偏或钻得不圆的原因

1）工件弯曲未找正，使中心孔与外圆产生偏差。

2）夹紧力不足，工件移位，造成中心孔不圆。

3）工件太长，旋转时在离心力的作用下，易造成中心孔不圆。

4）中心孔钻得太深，顶尖不能与60°锥孔接触，影响了加工质量。

5）车削端面时，车刀没有对准工件旋转中心，使刀尖碎裂。

6）中心钻圆柱部分修磨后变短，造成顶尖与中心孔底部相碰，从而影响了加工质量。

5. 麻花钻

麻花钻的长度较大，钻心直径小而刚度差，又有横刃的影响，故用麻花钻钻孔有以下工艺特点。

（1）钻头容易偏斜　由于横刃的影响定心不准，切入时钻头容易引偏；且钻头的刚度和导向作用较差，切削时钻头容易弯曲。在钻床上钻孔时（图4-5a），孔的中心线容易偏移

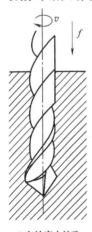
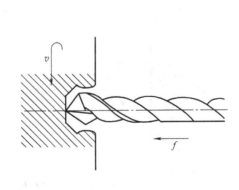

a) 在钻床上钻孔　　　　　　　　b) 在车床上钻孔

图4-5　在钻床和车床上钻孔

和不直，但孔径无显著变化；在车床上钻孔时（图4-5b），容易引起孔径的变化，但孔的中心线仍然是直的。因此，在钻孔前应先加工端面，并用钻头或中心钻预钻一个锥坑，以便钻头定心。钻小孔和深孔时，为了避免孔的中心线偏移和不直，应尽可能采用工件回转的方式进行钻孔。

（2）孔径容易扩大　钻削时，钻头两切削刃的背向力不等将引起孔径扩大；在卧式车床上钻孔时，切入引偏也是孔径扩大的重要原因；此外，钻头的径向跳动等也是造成孔径扩大的原因。

（3）孔的表面质量较差　钻削时切屑较宽，在孔内被迫卷为螺旋状，流出时易与孔壁发生摩擦而刮伤已加工表面。

（4）进给力大　进给力大主要是由钻头的横刃引起的。试验表明，钻孔时50%的进给力和15%的转矩是由横刃产生的。因此，当钻孔直径 d 大于30mm时，一般分两次进行钻削。第一次钻出（0.5~0.7）d，第二次钻到所需孔径。由于横刃在第二次钻削中不参与工作，故可采用较大的进给量，使孔的表面质量和生产率均得到提高。

▶ 知识拓展——扩孔和孔的数控加工

1. 扩孔

可以用扩孔钻对已钻出的孔做进一步加工，以扩大孔径并提高精度和降低表面粗糙度值。扩孔可达到的尺寸公差等级为IT10~IT11级，表面粗糙度值为 $Ra6.3~12.5\mu m$，属于孔的半精加工方法，常作为铰削前的预加工，也可作为精度不高的孔的终加工。

2. 孔的数控加工

若需通过编程进行自动钻孔加工时，可将钻头装在刀架上，用钻尖和横刃处的中心线对刀建立工件坐标系，如图4-6所示。

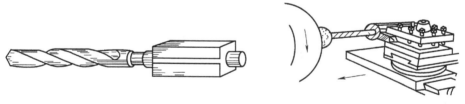

a）用开缝套装夹　　　　　　　　　　b）用专用工具装夹

图4-6　钻头在刀架上的安装

通过尾座摇动手轮实现钻孔的方法在单件、小批量生产中应用广泛，但当被加工孔为深孔且生产批量较大时，这种人工的机械式操作会严重影响生产率的提高。此时，可以通过程序指令G74来实现自动钻孔。

使用G74指令时，若不指定X轴地址和移动量，也可以实现端面深孔加工循环。指令格式如下：

G74 R(e)＿；

G74 Z(W)＿ Q(Δk)＿ F＿；

如图4-7所示，在工件端面上钻，长度为100mm的 $\phi 8mm$ 孔，使用G74指令编程的数控程序如下：

```
O0001；
M03 S600；
T0101；
G00 X60. Z50. M08；
G01 X0. Z5. F0.3；
G74 R0.3；
G74 Z-100. Q8000 F0.1；
G00 Z50. M09；
M05；
M30；
```

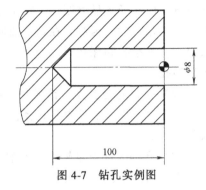

图4-7　钻孔实例图

 试一试

加工图4-8所示零件，编写数控加工程序，确定合适的进给路线并选择刀具，确定工艺参数，然后在数控车床上进行车削加工。加工完毕后按照表4-9进行检测和评价。

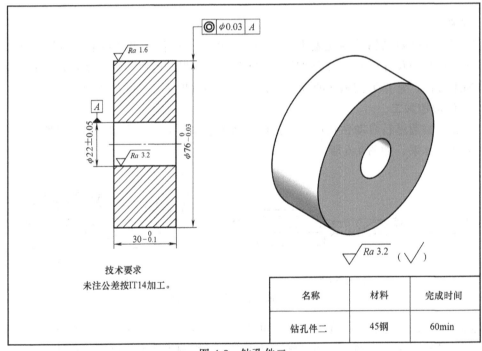

图4-8　钻孔件二

技术要求
未注公差按IT14加工。

名称	材料	完成时间
钻孔件二	45钢	60min

表4-9　钻孔件二加工评分标准

序号	考核项目	考核内容及要求	评分标准	配分	检测结果	得分	备注
1	工艺	工艺方案符合加工顺序	1) 工件定位、夹紧及刀具选择合理 2) 加工顺序及进给路线合理	10			

（续）

序号	考核项目	考核内容及要求	评分标准	配分	检测结果	得分	备注
2	编程	程序格式正确，指令使用合理	1）指令正确，程序完整 2）切削参数、坐标系选择正确、合理	10			138
3	对刀	刀具安装正确，参数设置正确	刀具安装正确、合理	15			
4	长度	$30_{-0.1}^{0}$ mm	每超差 0.02mm 扣 3 分	10			
5	外圆	$\phi 80_{-0.03}^{0}$ mm	每超差 0.01mm 扣 3 分	15			
6	内孔	$\phi(22\pm0.05)$ mm	每超差 0.02mm 扣 3 分	15			
7	表面粗糙度	$Ra3.2\mu m$	每降一级扣 3 分	5			
		$Ra1.6\mu m$		5			
8	安全文明生产	遵守机床安全操作规程	不符合安全操作规程酌情扣 1~5 分	5			
9	发生重大事故（人身和设备安全事故）、严重违反工艺原则和情节严重的野蛮操作等，取消实操资格						
记录员			检验员				

任务二　镗　　孔

 工作任务

1. 任务描述

按图 4-9 所示要求加工零件，确定合适的进给路线并选择刀具，确定工艺参数，然后在

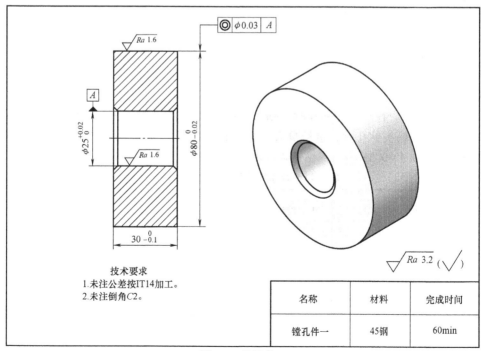

技术要求
1. 未注公差按IT14加工。
2. 未注倒角C2。

名称	材料	完成时间
镗孔件一	45钢	60min

图 4-9　镗孔件一

机床上进行切削加工。

2. 任务准备

（1）读懂零件图　本任务为镗孔，识读图 4-9 所示镗孔件一图样，并填写表 4-10。

表 4-10　从镗孔件一图样中读到的信息

识读内容	读到的信息
零件名称	
零件材料	
零件形状	
零件图中的重要尺寸	
表面粗糙度要求	
技术要求	

（2）选择装夹方法　用自定心卡盘夹持外圆，棒料伸出爪外 16mm。

 想一想

如何保证图 4-9 中的同轴度要求？

（3）选择加工工艺参数（表 4-11）

钻孔时切削用量的选用原则如下：

1）背吃刀量（a_p）。钻孔时的背吃刀量是钻头直径的一半。因此，它是随钻头直径的大小而改变的。

2）切削速度（v_c）。钻孔时的切削速度可按下式计算

$$v_c = \pi Dn/1000$$

式中　v_c——切削速度（m/min）；

　　　D——钻头的直径（mm）；

　　　n——工件转速（r/min）。

用高速工具钢钻头钻钢料时，切削速度一般为 20～40m/min；钻铸铁件时，切削速度则应稍低些。

3）进给量（f）。在车床上钻孔时，钻头的进给是通过用手慢慢转动车床尾座手轮来实现的。使用小直径钻头钻孔时，进给量太大会使钻头折断。例如，用 ϕ30mm 的钻头钻钢料时，进给量选择 0.1～0.35mm/r；钻铸铁件时，进给量选择 0.15～0.4mm/r。

表 4-11　选择镗孔件一加工工艺参数

工步号	工步内容	刀具号	刀具类型	参数设置		备注
				主轴转速/(r/min)	进给量/(mm/r)	

（4）确定加工工艺路线

1）用自定心卡盘夹持毛坯，棒料伸出爪外 16mm。

2）用 93°外圆车刀加工端面。

3）以工件右端面中心为原点建立工件坐标系，粗、精加工 ϕ80mm 外圆、ϕ25mm 内孔和倒角至图样尺寸。

4）调头夹持 ϕ80mm 外圆，车削端面并控制总长，以端面中心为原点建立工件坐标系。

5）粗、精加工 ϕ80mm 外轮廓，保证图样尺寸。

（5）编制镗孔件一数控加工工艺卡片（表 4-12）

表 4-12　镗孔件一数控加工工艺卡片

工序号	程序号	工步号	工步内容	刀具号	参数设置			备注
					主轴转速 /(r/min)	进给量 /(mm/r)	背吃刀量 /mm	

（6）参考程序　镗孔数控加工程序见表 4-13（FANUC 0i 系统）。

表 4-13　镗孔数控加工程序

程序	说明
O0001；	程序名
T0303；	调用 3 号内孔镗刀，设定工件坐标系
M03 S800；	主轴正转，转速为 800r/min
G00 X20. Z2. M08；	刀具快速定位，打开切削液
G71 U0.8 R0.8；	调用粗车循环指令
G71 P1 Q2 U−0.5 W0 F0.1；	U 输入负值表示加工内孔，粗加工进给量为 0.1mm/r
N1 G00 X30.；	X 向进刀，由于不进行切削，可以使用快速移动
G01 Z0.5 F0.1；	Z 向进给，精加工进给量为 0.1mm/r
G01 X25. Z−2.；	X、Z 向进给
G01 Z−31.；	Z 向进给
N2 G01 X20.；	X 向退出
G00 X15. Z5.；	退刀至安全点
T0303；	调用 3 号内孔镗刀，设定工件坐标系，准备精加工
M03 S900；	主轴正转，转速为 900r/min
G00G41 X20. Z2.；	建立刀尖圆弧半径补偿，刀具快速定位
G70 P1 Q2；	精车循环
G00G40 X15. Z5.；	撤销刀尖圆弧半径补偿，退刀至安全点
M09；	关闭切削液
M05；	X 向快速退出，主轴停转
M30；	程序结束并复位

 **任务实施**

1. 操作准备

1）CK6140 型数控车床。

2）45 钢毛坯，尺寸为 $\phi 80mm \times 32mm$（内孔 $\phi 20mm$）。

3）镗孔件一数控加工刀具卡（表 4-14）。

表 4-14　镗孔件一数控加工刀具卡

刀具号	刀具名称	刀片规格	参考图片	备注
T01	外圆车刀	35°菱形，$R0.4mm$		
T03	内孔镗刀	80°菱形，$R0.4mm$		

4）镗孔件一数控加工工具、量具卡（表 4-15）。

表 4-15　镗孔件一数控加工工具、量具卡

序号	工具、量具名称	规格	参考图片	备注
1	钢直尺	$0\sim150mm$		
2	游标卡尺	$0\sim150mm$		
3	内测千分尺	$5\sim30mm$		
4	卡盘、刀架钥匙			

2. 任务考核表

（1）镗孔操作技能总成绩表（表 4-16）

表 4-16　镗孔操作技能总成绩表

序号	任务名称	配分	得分	备注
1	现场操作规范	10		
2	零件加工质量	90		
	合计	100		

（2）镗孔现场操作规范评分表（表4-17）

表4-17 镗孔现场操作规范评分表

序号	项目	考核内容及要求	配分	得分	备注
1	现场操作规范	正确摆放工具、量具	2		
2		机床操作规范	4		
3		合理选择刀具	2		
4		设备日常维护	2		
合计			10		

（3）镗孔零件加工质量评分表（表4-18）

表4-18 镗孔零件加工质量评分表

序号	考核项目	考核内容及要求	评分标准	配分	检测结果	得分	备注
1	工艺	工艺方案符合加工顺序	1）工件定位、夹紧及刀具选择合理 2）加工顺序及进给路线合理	10			
2	编程	程序格式正确,指令使用合理	1）指令正确,程序完整 2）切削参数、坐标系选择正确、合理	10			
3	对刀	刀具安装正确,参数设置正确	刀具安装正确、合理	15			
4	外圆	$\phi80_{-0.02}^{0}$ mm	每超差0.01mm扣3分	5			
5	内孔	$\phi25_{0}^{+0.02}$ mm	每超差0.02mm扣3分	15			
		C2 倒角(两处)		5			
6	长度	$30_{-0.1}^{0}$ mm	每超差0.02mm扣3分	10			
7	同轴度	$\phi0.03$mm	每超差0.01mm扣2分	5			
8	表面粗糙度	$Ra1.6\mu m$	每降一级扣2分	5			
		$Ra3.2\mu m$		5			
9	安全文明生产	遵守机床安全操作规程	不符合安全操作规程酌情扣1~5分	5			
10	发生重大事故(人身和设备安全事故)、严重违反工艺原则和情节严重的野蛮操作等,取消实操资格						
记录员			检验员				

3. 操作步骤

1）开机。开机前,应先进行机床开机前的检查,然后打开机床电源,启动数控系统。

2）阅读零件图,并按图样要求检查毛坯尺寸。

3）输入并校验程序。

4）装夹零件和刀具。

5）对刀,正确输入刀具形状补偿值和刀具磨耗补偿值。

6）校验程序。

① 锁住机床，将加工程序输入数控系统，在"图形模拟"功能下，实现图形轨迹的校验。

② 回参考点。

7）自动加工零件。

8）检测零件并上交。

 **操作注意事项**

1）在安装工件毛坯的时候，要注意夹紧毛坯，防止在试切时毛坯出现松动，导致损坏刀具。

2）镗刀安装时，注意刀尖与主轴旋转中心线等高。由于是车孔加工，孔有一定的壁厚，如果刀具在安装时，刀尖低于工件回转中心，有可能造成镗刀后角和镗刀底部干涉内孔孔壁，要防止车端面至中心时损坏刀具。

3）在校验时，要检查程序的语法错误和走刀点位置是否正确。

4）空运行完成后机床必须回零。

5）在加工过程中，注意观察，有紧急情况应及时按下急停按钮。

6）加工后要去除零件边棱处的毛刺。

 知识链接

1. 镗刀的安装方法

镗刀的安装

（1）"上下" 首先将刀座底部擦拭干净，以免有切屑残留，然后将镗刀安装在 3 号刀位。安装镗刀时，由于是车孔加工，孔有一定的壁厚，如果在安装刀具时，刀尖低于工件回转中心，那么，有可能造成镗刀后角和镗刀底部干涉到内孔孔壁，所以安装时"宁高勿低"，可以通过垫铁和垫片来调整。

（2）"左右" 刀具的有效加工长度不宜过长，即刀具不能伸出得过长，以免因刀具刚度差而造成断刀。但刀具也不能伸出得太短，以免刀架与工件发生干涉。

（3）"前后" 刀具刀体轴线与主轴回转中心线应平行，否则会造成刀柄与孔内壁产生干涉。

2. 对刀的基本要领及偏置参数的设置

（1）"Z 向" 由于工件的长度方向已没有余量，所以在 Z 向应通过"接触法"对刀。起动机床主轴，通过手动方式将刀具移动到合适位置，调整进给倍率，即将接触到工件端面时，以"×10"的倍率进给，轻轻接触工件端面，直至有切屑切出。这时，在"偏置"界面的"形状"选项中输入"Z0""刀具测量""测量"。

（2）"X 向" 同理，将刀具移动到合适位置，调整进给倍率，即将接触到工件内孔孔壁时，以"×10"的倍率进给，直至有切屑切出，然后，刀具退出工件，X 向进给 0.3～0.4mm，试切工件内孔，再用内径千分尺测量内孔尺寸。此时在"偏置"界面的"形状"选项中输入"X 测量值""刀具测量""测量"。

3. 孔（套）类工件的测量

（1）塞规 在批量生产中，为了测量的方便，常用塞规检测孔径。塞规由通端、止端和手柄组成，如图 4-10 所示。通端的尺寸等于孔的下极限尺寸，止端的尺寸等于孔的上极限尺寸。

测量时，通端可以通过，而止端无法通过，则说明尺寸合格，如图 4-11 所示。

使用塞规时，应尽可能使塞规温度与被测工件温度一致，不要在工件还未冷却到室温时就开始测量。测量内孔时,不可硬塞,一般靠自身重力自由通过;测量时,塞规轴线应与孔中心线一致,不可歪斜。

(2)内测千分尺 内测千分尺的结构如图 4-12 所示。它可用于测量 $\phi 5 \sim \phi 30mm$ 的孔径,分度值为 0.01mm。这种千分尺的刻线与外径千分尺相反,沿顺时针方向旋转微分筒时,活动测量爪向右移动,测量值增大。由于结构设计方面的原因,其测量精度低于其他类型的千分尺。

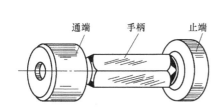

图 4-10 塞规

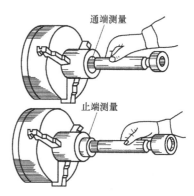

图 4-11 用塞规检测零件

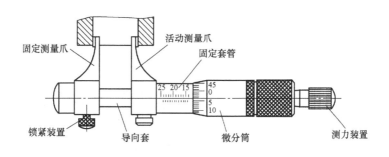

图 4-12 内测千分尺的结构

▶ 知识拓展 ——零件掉头加工时保证同轴度的方法

对于需要掉头车削且有同轴度要求的轴类工件,当加工批量不大时,用现镗孔的软卡爪自定心卡盘装夹工件是最方便的方法。这里所说的软卡爪,可以用废卡爪在其夹持面焊上铜棒或软钢制成。焊上软材料之后要做修正,让三个卡爪不会侧面相碰,以免影响对工件的卡持。将卡爪装到卡盘上,在靠近卡盘端面处钻一个小孔。用恰当的力收紧卡爪,镗削卡爪夹持面,镗孔尺寸与被夹持工件外圆尺寸以 H7/h7 配合。然后略微松开一点卡爪,放入工件夹紧即可进行车削。使用这种软卡爪能达到 0.01mm 的定位精度。

试一试

加工图 4-13 所示零件,编写数控加工程序,确定合适的进给路线并选择刀具,确定工艺参数,然后在数控车床上进行车削加工。加工完毕后按照表 4-19 进行检测和评价。

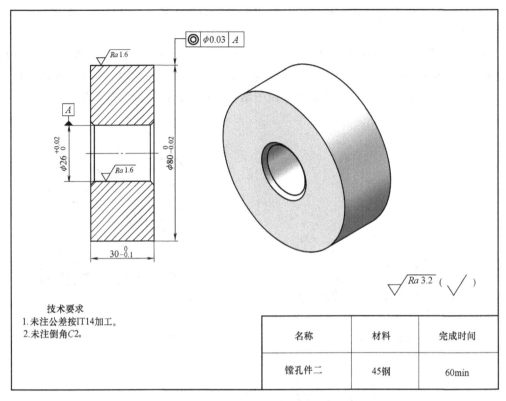

技术要求
1. 未注公差按IT14加工。
2. 未注倒角C2。

名称	材料	完成时间
镗孔件二	45钢	60min

图 4-13　镗孔件二

表 4-19　镗孔件二加工评分标准

序号	考核项目	考核内容及要求	评分标准	配分	检测结果	得分	备注
1	工艺	工艺方案符合加工顺序	1)工件定位、夹紧及刀具选择合理 2)加工顺序及进给路线合理	15			
2	编程	程序格式正确,指令使用合理	1)指令正确,程序完整 2)切削参数、坐标系选择正确、合理	10			
3	对刀	刀具安装正确,参数设置正确	刀具安装正确、合理	15			
4	外圆	$\phi80_{-0.02}^{0}$mm	每超差0.01mm扣3分	10			
5	内孔	$\phi26_{0}^{+0.02}$mm	每超差0.01mm扣3分	10			
6	倒角	C2倒角(两处)		5			
7	长度	$30_{-0.1}^{0}$mm	每超差0.02mm扣2分	4			
8	同轴度	$\phi0.03$mm	每超差0.01mm扣2分	6			
9	表面粗糙度	Ra1.6μm	每降一级扣3分	5			
		Ra3.2μm		5			
10	安全文明生产	遵守机床安全操作规程	不符合安全操作规程酌情扣1~5分	5			
11	发生重大事故(人身和设备安全事故)、严重违反工艺原则和情节严重的野蛮操作等,取消实操资格						
记录员				检验员			

模块二　台阶孔加工

 学习目标

1）能正确制订轴套件的加工工艺，确定工艺参数。
2）掌握进行内孔车刀的安装及对刀方法。
3）能利用数控车床进行轴套的加工。
4）会使用常用量具对轴套进行检测。
5）遵守数控车工安全操作规程。
6）养成良好的纪律观念和自我约束能力。
7）通过内沟槽刀具的选择，开拓学生思维，激发专业学习兴趣。

学习导入

台阶孔加工是圆柱直孔加工基础上的进阶，它也是车削加工中的一项基本技能。

工作任务

1. 任务描述

按图 4-14 所示要求加工零件，确定合适的进给路线并选择刀具，确定工艺参数，然后在机床上进行切削加工。

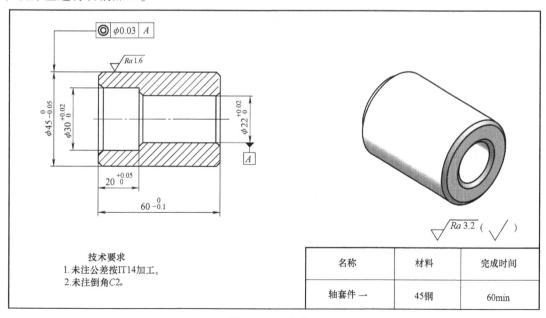

技术要求
1.未注公差按IT14加工。
2.未注倒角C2。

名称	材料	完成时间
轴套件一	45钢	60min

图 4-14　轴套件一

2. 任务准备

（1）读懂零件图　本任务为台阶孔车削加工。识读图 4-14 所示轴套件一图样并填写表4-20。

表 4-20　从轴套一图样中读到的信息

识 读 内 容	读 到 的 信 息
零件名称	
零件材料	
零件形状	
零件图中的重要尺寸	
表面粗糙度要求	
技术要求	

（2）选择装夹方法及对刀

1）用自定心卡盘夹持毛坯外圆，棒料伸出爪外 16mm。

2）采用试切法和接触法对刀。

小知识

对刀点可以设置在零件、夹具或机床上，但应尽可能设置在零件的设计基准或工艺基准上；换刀点往往设在工件的外部，以能顺利换刀、不碰撞工件及其他部件为准。

 想一想

加工图 4-14 所示轴套件时，两把刀具的换刀点应分别设置在哪里？

（3）选择加工工艺参数（表4-21）

表 4-21　选择轴套一加工工艺参数

工步号	工步内容	刀具号	刀具类型	参数设置		备注
				主轴转速/(r/min)	进给量/(mm/r)	

（4）确定加工工艺路线

1）用自定心卡盘夹持毛坯，棒料伸出爪外 16mm。

2）用 93°外圆车刀加工左端面。

3）以工件左端面中心为原点建立工件坐标系，粗、精加工左端外轮廓至图样尺寸，保证 ϕ45mm 直径及 C2 倒角。

4）粗、精加工左端内轮廓至图样尺寸，保证 ϕ30mm、ϕ22mm 内孔直径及倒角。

5）掉头夹持 ϕ45mm 外圆，车削端面并控制总长。

6）以工件右端面中心为原点建立工件坐标系，粗、精加工右端外轮廓至图样尺寸，保

证 $\phi45mm$ 直径及 $C2$ 倒角。

7）粗、精加工右端内轮廓至图样尺寸，保证 $C2$ 倒角。

（5）编制轴套件一数控加工工艺卡片（表 4-22）

表 4-22　轴套件一数控加工工艺卡片

工序号	程序号	工步号	工步内容	刀具号	参数设置			备注
					主轴转速/(r/min)	进给量/(mm/r)	背吃刀量/mm	

（6）参考程序

1）轴套件一左端加工程序见表 4-23（FANUC 0i 系统）。

表 4-23　轴套件一左端加工程序

程　序	说　明
O0001；	程序名
T0101；	调用 1 号车刀,设定工件坐标系
M03 S1000；	主轴正转,转速为 1000r/min
G00 X55. Z10. M08；	刀具快速定位,打开切削液
G71 U1. R1. ；	调用粗车循环指令
G71 P1 Q2 U0.5 W0 F0.2；	设置精车循环余量 0.5mm,粗加工进给量为 0.2mm/r
N1 G00 X40. ；	X 向进给
G01 Z0.5 F0.1；	Z 向进给,精加工进给量为 0.1mm/r
G01 X45. Z-2. ；	倒角
G01 Z-35. ；	Z 向进给
N2 G01 X55. ；	X 向退刀
G00 Z60. ；	退刀至安全点
T0101；	调用 1 号车刀,设定工件坐标系
M03 S1200；	主轴正转,转速为 1200r/min
G00G42 X55. Z10. ；	建立刀尖圆弧半径补偿,刀具快速定位
G70 P1 Q2；	精车循环
G00 G40 X80. Z80. ；	撤销刀尖圆弧半径补偿,退刀至安全点
T0303；	调用 3 号镗刀,设定工件坐标系
M03 S800；	主轴正转,转速为 800r/min
G00 X20. Z2. ；	刀具快速定位

（续）

程　序	说　明
G71 U0. 8 R0. 8;	调用粗车循环指令
G71 P1 Q2 U-0. 5 W0 F0. 15;	设置精车循环余量 0.5mm,粗加工进给量为 0.15mm/r
N1 G00 X35. ;	X 向进给
G01 Z0. 5 F0. 1;	Z 向进给,精加工进给量为 0.1mm/r
G01 X30. Z-2. ;	倒角
G01 Z-20. ;	Z 向进给
G01 X26. ;	X 向进给
G01 X22. Z-22. ;	倒角
G01 Z-61. ;	Z 向进给
N2 G01 X20. ;	X 向退刀
G00 X15. Z30. ;	退刀至安全点
T0303;	调用 3 号镗刀,设定工件坐标系
M03 S900;	主轴正转,转速为 900r/min
G00 G41 X20. Z2. ;	建立刀尖圆弧半径补偿,刀具快速定位
G70 P1 Q2;	精车循环
G00 G40 X15. Z30.	撤销刀尖圆弧半径补偿,退刀至安全点
M09;	关闭切削液
M05;	主轴停转
M30;	程序结束并复位

2）轴套件一右端加工程序见表 4-24（FANUC 0i 系统）。

表 4-24　轴套件一右端加工程序

程　序	说　明
O0002;	程序名
T0101;	调用 1 号车刀,设定工件坐标系
M03 S1000;	主轴正转,转速为 1000r/min
G00 X55. Z10. M08;	刀具快速定位,打开切削液
G71 U1. R1. ;	调用粗车循环指令
G71 P1 Q2 U0. 5 W0 F0. 2;	设置精车循环余量 0.5mm,粗加工进给量为 0.2mm/r
N1 G00 X40. ;	X 向进给
G01 Z0. 5 F0. 1;	Z 向进给,精加工进给量为 0.1mm/r
G01 X45. Z-2. ;	倒角
G01 Z-35. ;	Z 向进给
N2 G01 X55. ;	X 向退刀
G00 X60. ;	退刀至安全点
T0101;	调用 1 号车刀,设定工件坐标系
M03 S1200;	主轴正转,转速为 1200r/min

（续）

程　　序	说　　明
G00 G42 X55. Z10.；	建立刀尖圆弧半径补偿,刀具快速定位
G70 P1 Q2；	精加工
G00 G40 X80. Z80.；	撤销刀尖圆弧半径补偿,退刀至安全点
T0303；	调用 3 号镗刀,设定工件坐标系
M03 S800；	主轴正转,转速为 800r/min
G00 X20. Z2.；	刀具快速定位
G71 U0.8 R0.8；	调用粗车循环指令
G71 P1 Q2 U-0.5 W0 F0.15；	设置精车循环余量 0.5mm,粗加工进给量为 0.15mm/r
N1 G00 X27.；	X 向进给
G01 Z0.5 F0.1；	Z 向进给,精加工进给量为 0.1mm/r
G01 X22. Z-2.；	倒角
N2 G01 X20.；	X 向退刀
G00 X15. Z30.；	退刀至安全点
T0303；	调用 3 号镗刀,设定工件坐标系
M03 S900；	主轴正转,转速为 900r/min
G41 G00 X20. Z2.；	建立刀尖圆弧半径补偿,刀具快速定位
G70 P1 Q2；	精车循环
G00 G40 X15. Z30.；	撤销刀尖圆弧半径补偿,退刀至安全点
M09；	关闭切削液
M05；	主轴停转
M30；	程序结束并复位

任务实施

1. 操作准备

1) CK6140 型数控车床。

2) 45 钢毛坯,尺寸为 $\phi50mm \times 62mm$ （内孔 $\phi20mm$）。

3) 轴套件一数控加工刀具卡 （表 4-25）。

表 4-25　轴套件一数控加工刀具卡

刀具号	刀具名称	刀片规格	参考图片	备注
T01	93°外圆车刀	35°菱形,R0.4mm		
T03	85°内孔镗刀	80°菱形,R0.4mm		

4) 轴套件一数控加工工具、量具卡（表4-26）。

表4-26　轴套件一数控加工工具、量具卡

序号	工具、量具名称	规格	参考图片	备注
1	钢直尺	0～150mm		
2	游标卡尺	0～150mm		
3	外径千分尺	25～50mm		
4	内测千分尺	5～30mm		
5	百分表，表座	0～10mm		
6	卡盘、刀架钥匙			

2. 任务考核表

（1）台阶孔车削操作技能总成绩表（表4-27）

表4-27　台阶孔车削操作技能总成绩表

序　号	任务名称	配　分	得　分	备　注
1	现场操作规范	10		
2	零件加工质量	90		
	合计	100		

（2）台阶孔车削加工现场操作规范评分表（表4-28）

（3）台阶孔车削加工零件质量评分表（表4-29）

3. 操作步骤

1）开机。开机前，应先进行机床开机前的检查，然后打开机床电源，启动数控系统。

2）回参考点操作。

3）装夹零件、刀具。

检测零件

表 4-28　台阶孔车削加工现场操作规范评分表

序号	项目	考核内容及要求	配分	得分	备注
1	现场操作规范	正确摆放工具、量具	2		
2		机床操作规范	4		
3		合理选择刀具	2		
4		设备日常维护	2		
合　计			10		

表 4-29　台阶孔车削加工零件质量评分表

序号	考核项目	考核内容及要求	评分标准	配分	检测结果	得分	备注
1	工艺	工艺方案符合加工顺序	1)工件定位、夹紧及刀具选择合理 2)加工顺序及进给路线合理	10			
2	编程	程序格式正确,指令使用合理	1)指令正确,程序完整 2)切削参数、坐标系选择正确、合理	10			
3	对刀	刀具安装正确,参数设置正确	刀具安装正确、合理	15			
4	外圆	$\phi45_{-0.05}^{0}$mm	每超差 0.01 扣 3 分	5			
5	内孔	$\phi22_{0}^{+0.02}$mm		7			
		$\phi30_{0}^{+0.02}$mm		7			
6	长度	$60_{-0.1}^{0}$mm	每超差 0.02 扣 3 分	5			
		$20_{0}^{+0.05}$mm		10			
7	同轴度	$\phi0.03$mm	每超差 0.01 扣 2 分	6			
8	表面粗糙度	$Ra1.6\mu m$	每降一级扣 3 分	6			
		$Ra3.2\mu m$	每降一级扣 2 分	4			
9	安全文明生产	遵守机床安全操作规程	不符合安全操作规程酌情扣 1~5 分	5			
10	发生重大事故(人身和设备安全事故)、严重违反工艺原则和情节严重的野蛮操作等,取消实操资格						
记录员			检验员				

4）对刀，设定工件坐标系。

5）输入程序。

6）校验程序。

7）自动加工零件。

8）检测零件并掉头。

9）零件掉头，用百分表校准。

10）Z 向对刀，设定工件坐标系。

11）自动加工零件。

12）检测零件并上交。

 操作注意事项

1）安装毛坯时，要夹紧毛坯，防止在试切时因毛坯松动而导致损坏刀具。

2）调整到"自动运行"模式，依次按下"机床锁住""图形模拟"键和"循环启动"按钮，检验加工轨迹的正确性。检验完毕后，解除机床锁住并回参考点。

3）按"上下、左右、前后"方法安装镗刀，并保证刀具刀体轴线与主轴回转中心线平行，否则会造成刀柄与孔内壁的干涉。

4）由于工件的长度方向尺寸已用外圆车刀加工完成，工件掉头后，在 Z 向应通过接触法对刀。起动机床主轴，通过手动方式将刀具移动到合适位置，调整进给倍率，在即将接触到工件端面时，以"×10"的倍率进给，轻轻接触工件端面，直至有切屑切出。这时，在"偏置"界面的"形状"选项中输入"Z0""刀具测量""测量"。

5）合理应用"自动运行""单段""循环启动"（镗刀移动至循环点，如果刀具移动趋势不正确，则立即停止循环）等按键。

6）在加工过程中要注意观察，出现紧急情况时立即按下急停按钮。

7）加工后要去除零件边棱处的毛刺。

知识链接

1. 内孔车刀

内孔车刀可分为通孔车刀和不通孔车刀两种，如图 4-15 所示。

通孔车刀切削部分的几何形状与外圆车刀相似，为了减小背向力，防止车孔时产生振动，主偏角应取得大些，一般在 60°~75°之间，副偏角一般为 15°~30°。

不通孔车刀用来车削不通孔或台阶孔，其切削部分的形状与偏刀相似，它的主偏角大于90°，一般为 92°~95°，后角的要求和通孔车刀一样。不同之处是，不通孔车刀的刀尖到刀杆外端的距离应小于孔的半径，否则将无法车平孔的底面。

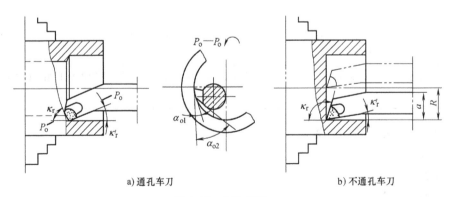

a) 通孔车刀　　　　　　　　b) 不通孔车刀

图 4-15　内孔车刀

2. 内径指示表

内径指示表是一种测量内孔直径的量具，如图 4-16 所示。它由经过淬火的不锈钢测头和普通百分表（分度值为 0.01mm）或千分表（分度值为 0.001mm）组成，可根据要求改变测量范围，不同测量范围的内径指示表配不同的测头。内径指示表的常用规格有 $\phi10\sim$ $\phi18$mm、$\phi18\sim\phi35$mm、$\phi35\sim\phi50$mm 等。

内径指示表的使用方法如下：

1）根据被测尺寸公差选择一个千分尺（分度值为 0.01mm）。

2）把千分尺调整到被测值公称尺寸并锁紧。

3）一手握内径指示表，一手握千分尺，将内径指示表的测头放在千分尺内进行校准，注意要使指示表的测杆尽量垂直于千分尺。

4）调整指示表，使压表量为 0.2~0.3mm，并将表针置零，按被测尺寸公差调整表圈上的误差指示拨片，就可以进行测量了。

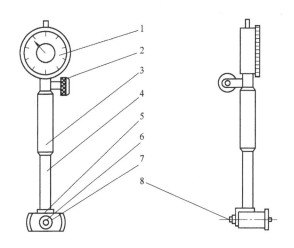

图 4-16　内径指示表

1—百分表　2—锁紧装置　3—手柄　4—直管　5—主体　6—活动测头

7—定位护桥　8—可换测头

▶ 知识拓展 —— 三爪内径千分尺

三爪内径千分尺适合测量中小直径的精密内孔，尤其适合测量深孔的直径。它的测量范围为 6~8mm，8~10mm，10~12mm，11~14mm，14~17mm，17~20mm，20~25mm，25~30mm，30~35mm，35~40mm，40~50mm，50~60mm，60~70mm，70~80mm，80~90mm，90~100mm。三爪内径千分尺的零位必须在标准孔内进行校准。

图 4-17 所示是测量范围为 11~14mm 的三爪内径千分尺，当沿顺时针方向旋转测力装置 6 时，就带动测微螺杆 3 旋转，并使它沿着套筒 4 的螺旋线方向移动，于是测微螺杆端部的方形圆锥螺纹就推动三个测量爪 1 做径向移动。扭簧 2 的弹力使测量爪紧紧地贴合在方形圆锥螺纹上，并随着测微螺杆的进退而伸缩。

三爪内径千分尺的方形圆锥螺纹的径向螺距为 0.25mm，则当测力装置沿顺时针方向旋转一周时，测量爪向外移动（半径方向）0.25mm，三个测量爪组成的圆周直径就增加

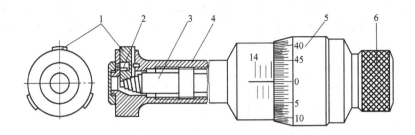

图 4-17　三爪内径千分尺
1—测量爪　2—扭簧　3—测微螺杆　4—套筒　5—微分筒　6—测力装置

0.5mm。即微分筒旋转一周时，测量直径增大 0.5mm，而微分筒的圆周上刻有 100 个等分格，所以三爪内径千分尺的分度值为 0.5mm/100＝0.005mm。

 试一试

　　加工图 4-18 所示零件，编写数控加工程序，确定合适的进给路线并选择刀具，确定工艺参数，然后在数控车床上进行车削加工。加工完毕后按照表 4-30 进行检测和评价。

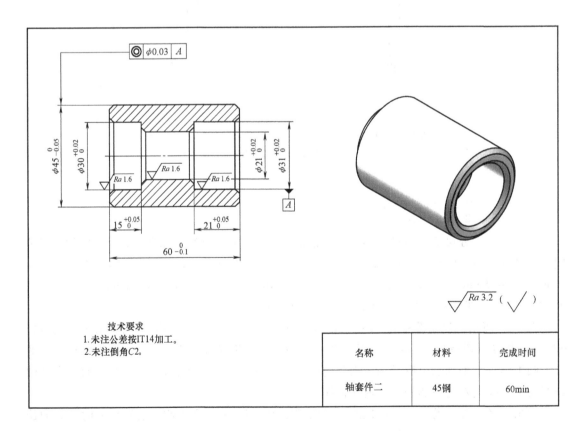

技术要求
1. 未注公差按IT14加工。
2. 未注倒角C2。

名称	材料	完成时间
轴套件二	45钢	60min

图 4-18　轴套件二

表 4-30 轴套件二加工评分标准

序号	考核项目	考核内容及要求	评分标准	配分	检测结果	得分	备注
1	工艺	工艺方案符合加工顺序	1)工件定位、夹紧及刀具选择合理 2)加工顺序及进给路线合理	10			
2	编程	程序格式正确,指令使用合理	1)指令正确,程序完整 2)切削参数、坐标系选择正确、合理	10			
3	对刀	刀具安装正确,参数设置正确	刀具安装正确、合理	15			
4	外圆	$\phi45_{-0.05}^{0}$mm	每超差 0.01mm 扣 3 分	5			
5	内孔	$\phi21_{0}^{+0.02}$mm	每超差 0.01mm 扣 3 分	7			
		$\phi30_{0}^{+0.02}$mm		7			
		$\phi31_{0}^{+0.02}$mm		7			
6	长度	$60_{-0.1}^{0}$mm	每超差 0.02mm 扣 3 分	4			
		$21_{0}^{+0.05}$mm		5			
		$15_{0}^{+0.05}$mm		5			
7	同轴度	$\phi0.03$mm	每超差 0.01 扣 2 分	4			
8	表面粗糙度	$Ra1.6\mu m$	每降一级扣 1 分	3			
		$Ra3.2\mu m$		3			
9	安全文明生产	遵守机床安全操作规程	不符合安全操作规程酌情扣 1~5 分	5			
10	发生重大事故(人身和设备安全事故)、严重违反工艺原则和情节严重的野蛮操作等,取消实操资格						
记录员				检验员			

槽 加 工

工业领域中有各种各样的槽（图 5-1），主要有工艺凹槽及油槽等，如 V 形槽及用于填充密封橡皮的环槽等。

图 5-1　V 带轮轮槽

槽的主要加工位置：在外圆面上加工沟槽；在内孔面上加工沟槽；在端面上加工沟槽。本项目重点研究退刀槽、宽槽、内沟槽的加工方法。

模块一　外沟槽加工

1) 会识读外沟槽零件图。
2) 能正确制订外沟槽加工工艺，确定工艺参数。
3) 能正确选择外沟槽车削加工的刀具。
4) 能利用数控车床进行外沟槽的车削加工。
5) 会利用常用量具对外沟槽零件进行检测。
6) 遵守数控车工安全操作规程。
7) 养成对刀后、加工前仔细观察的良好习惯，规范操作步骤。
8) 认识我国工业发展历史，树立中华民族伟大复兴的历史使命感。

简单的退刀槽是指槽宽等于其所容纳刀片的切削刃宽度的槽，这种槽不需要倒角，尺寸精度要求不高。

任务一　退刀槽车削加工

1. 任务描述

按图 5-2 所示要求加工零件，确定合适的进给路线并选择刀具，确定工艺参数，然后在机床上进行切削加工。

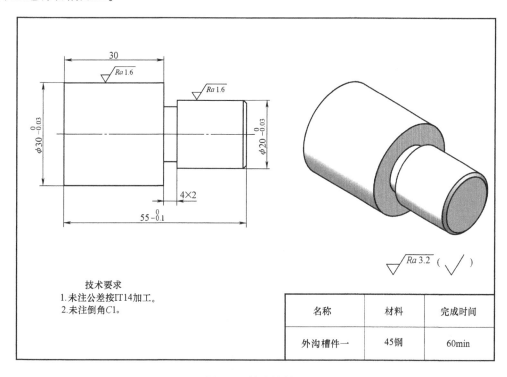

图 5-2　外沟槽件一

2. 任务准备

（1）读懂零件图　本任务为退刀槽车削加工和切断，识读图 5-2 所示外沟槽件一图样并填写表 5-1。

表 5-1　从外沟槽件一图样中读到的信息

识读内容	读到的信息
零件名称	
零件材料	
零件形状	
退刀槽的尺寸	
表面粗糙度要求	
技术要求	

（2）加工原则

1）注意退刀槽车削加工的起点与工件间的安全间隙，本任务中刀具位于工件上方3mm处。

2）加工退刀槽时的进给倍率通常较低。

3）简单退刀槽（图5-3）加工的实质是成形加工，刀片切削刃的形状和宽度就是槽的形状和宽度，也就是说，使用不同尺寸的刀片进行加工就会得到不同的槽宽。

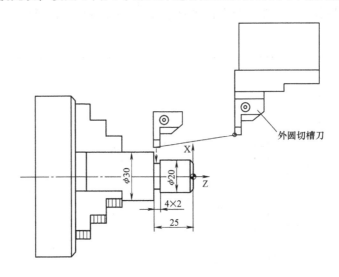

图5-3　简单退刀槽

想一想

加工图5-2所示工件时切槽刀的切削刃的宽度应为多少？

（3）选择加工工艺参数　切槽时的进给量推荐值见表5-2。

表5-2　切槽时的进给量推荐值

工件材料	硬度	切削速度/(m/min)	进给量/(mm/r)		
			槽宽3mm	槽宽4mm	槽宽5mm
软钢	<180HBW	100~150	0.05~0.1	0.08~0.15	0.1~0.2
碳素钢、合金钢	180~280HBW	80~120	0.05~0.1	0.08~0.15	0.1~0.15
不锈钢	<200HBW	60~100	0.05~0.1	0.08~0.15	0.1~0.15
铸铁	抗拉强度<350N/mm²	60~100	0.05~0.1	0.08~0.15	0.1~0.2

根据表3-2、表3-3和表5-2填写表5-3。

表5-3　选择外沟槽件一的加工工艺参数

工步号	工步内容	刀具号	刀具类型	参数设置		备注
				主轴转速/(r/min)	进给量/(mm/r)	

（4）确定加工工艺路线

1）用自定心卡盘夹持毛坯，棒料伸出爪外 35mm。

2）用 93°外圆车刀加工左端面。

3）以工件左端面中心为原点建立工件坐标系，粗、精加工 φ30mm 外轮廓至图样尺寸，保证长度 30mm。

4）调头夹持 φ30mm 外圆，车削端面并控制总长 55mm。

5）以右端面中心为原点建立工件坐标系，粗、精加工 φ20mm 外轮廓，保证长度 25mm。

6）以工件右端面中心为原点建立工件坐标系，用 4mm 宽的切槽刀粗、精加工 4mm×2mm 的外沟槽。

（5）编制外沟槽件一数控加工工艺卡片（表 5-4）

表 5-4 外沟槽件一数控加工工艺卡片

工序号	程序号	工步号	工步内容	刀具号	参数设置			备注
					主轴转速 /(r/min)	进给量 /(mm/r)	背吃刀量/mm	

（6）参考程序 退刀槽加工程序见表 5-5（FANUC 0i 系统，G01）。

表 5-5 退刀槽加工程序

程　序	说　明
O0003；	程序名
……	
T0202；	调用 2 号切槽刀，设定工件坐标系
M03 S650；	主轴正转，转速为 650r/min
G00 X36. Z-25. M08；	到达起始点，打开切削液
G01 X16. F0.1；	进刀到退刀槽底部
G04 X0.4；	在槽底暂停 0.4s
X36. F0.3；	从槽底退刀
G00 X100. Z100.；	快速退刀
M09；	关闭切削液
M05；	主轴停转
M30；	程序结束并复位

1. 操作准备

1）CK6140 型数控车床。

2）45 钢毛坯，尺寸为 $\phi35mm \times 57mm$。

3）外沟槽件一数控加工刀具卡（表 5-6）。

表 5-6　外沟槽件一数控加工刀具卡

刀具号	刀具名称	刀片规格	参考图片	备注
T01	93°外圆车刀	35°菱形, R0.4mm		
T02	切槽刀	宽 4mm, R0.2mm		

4）外沟槽件一数控加工工具、量具卡（表 5-7）。

表 5-7　外沟槽件一数控加工工具、量具卡

序号	工具、量具名称	规格	参考图片	备注
1	钢直尺	0～150mm		
2	游标卡尺	0～150mm		
3	游标深度卡尺	0～200mm		
4	外径千分尺	0～25mm, 25～50mm		
5	卡盘、刀架钥匙			

2. 任务考核表

（1）退刀槽车削加工操作技能总成绩表（表 5-8）

表 5-8　退刀槽车削加工操作技能总成绩表

序　号	任务名称	配　分	得　分	备　注
1	现场操作规范	10		
2	零件加工质量	90		
合计		100		

（2）退刀槽车削现场操作规范评分表（表5-9）

表 5-9　退刀槽车削现场操作规范评分表

序　号	项　目	考核内容及要求	配　分	得　分	备注
1	现场操作规范	正确摆放工具、量具	2		
2		机床规范操作	4		
3		合理选择刀具	2		
4		设备日常维护	2		
合　计			10		

（3）退刀槽车削零件质量评分表（表5-10）

表 5-10　退刀槽车削零件质量评分表

序号	考核项目	考核内容及要求	评分标准	配分	检测结果	得分	备注
1	工艺	工艺方案符合加工顺序	1）工件定位、夹紧及刀具选择合理 2）加工顺序及进给路线合理	10			
2	编程	程序格式正确,指令使用合理	1）指令正确,程序完整 2）切削参数、坐标系选择正确、合理	10			
3	对刀	刀具安装正确,参数设置正确	刀具安装正确、合理	10			
4	外圆	$\phi 30_{-0.03}^{0}$ mm	每超差 0.01mm 扣 3 分	10			
		$\phi 20_{-0.03}^{0}$ mm		15			
5	槽	4mm×2mm	超差全扣	10			
6	长度	$55_{-0.1}^{0}$ mm	超差全扣	10			
7	表面粗糙度	$Ra1.6\mu m$	每降一级扣 3 分	10			
8	安全文明生产	遵守机床安全操作规程	不符合安全操作规程酌情扣 1~5 分	5			
9	发生重大事故(人身和设备安全事故)、严重违反工艺原则和情节严重的野蛮操作等,取消实操资格						
记录员			检验员				

3. 操作步骤

1）开机。开机前，应先进行机床开机前的检查，然后打开机床电源，启动数控系统。

2）回参考点操作。

3）装夹零件、刀具。

4）对刀，设定工件坐标系。

5）输入程序。

6）校验程序。

7）自动加工零件。

8）检测零件并上交。

▶ 操作注意事项

1）切槽时，刀头宽度不能过宽，否则容易引起振动。

2）切槽刀的主切削刃要平直，各角度要合适。

3）安装刀具时，切削刃应与工件中心等高，主切削刃要与轴线平行。

4）端面切槽刀的一侧副后刀面应磨成圆弧形，以防与槽壁产生摩擦。

5）槽侧与槽底要平直、清角。

6）加工端面槽时容易产生振动，必要时可采用反切法进行车削加工。

7）要合理选择转速与进给量。

8）要正确使用切削液。

▶ 知识链接

1. 槽加工刀具

槽加工刀具有高速工具钢切槽刀，以及在特殊刀柄上安装硬质合金刀片组成的可转位切槽刀等。

如图5-4所示，在圆柱面上进行加工的切槽刀以横向进给为主，前端的切削刃为主切削刃，两侧的切削刃是副切削刃。

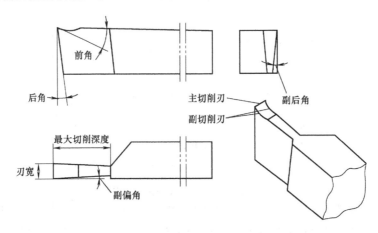

图 5-4　切槽刀基本结构形状

槽加工刀片的类型各种各样，槽加工刀具的参考点通常设置在槽加工刀片的左侧。图5-5所示分别为外圆切槽刀、内孔切槽刀、切断刀。

2. 槽加工刀具的选用

加工槽时，槽加工刀具的主切削刃宽度不能大于槽宽，否则会因切削力太大而产生振

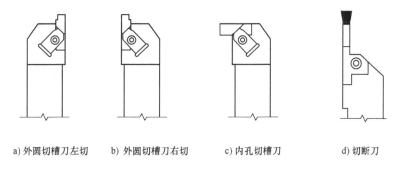

a) 外圆切槽刀左切　　b) 外圆切槽刀右切　　c) 内孔切槽刀　　d) 切断刀

图 5-5　外圆切槽刀、内孔切槽刀、切断刀

动。加工较宽的槽时，可以使用较窄的刀片经过多次切削加工，但是，主切削刃也不能太窄，否则会削弱刀体强度。

刀片长度要略大于槽深，刀片太长，则强度较差，在选择刀具的几何参数和切削用量时，要特别注意提高切槽刀的强度。

安装切槽刀时，不宜伸出过长，同时切槽刀的中心线必须装得与工件中心线垂直，以保证两个副偏角对称。主切削刃必须装得与工件中心等高。

3. 切槽质量分析

切槽时常见的质量问题及其修正方法如下：

1）槽底有振纹。这是因为切槽刀装夹刚度不足，需换刚度好的刀或减小伸出长度，以增加装夹刚度。

2）槽底的表面粗糙度超差。需重新刃磨刀具或更换刀片。

3）槽底直径不正确。重新对刀或通过修改磨损值进行补偿。

4）槽宽尺寸不正确。需修改刀宽参数或程序。

▶ **知识拓展 ——退刀槽的加工和公差控制**

1. 精确退刀槽（刀片宽度小于槽宽）的加工方法

通过简单地进、退刀加工出来的退刀槽，其质量不会很好，槽的侧面比较粗糙，其外部拐角非常尖锐，而且槽的宽度取决于刀具的宽度和磨损情况。大多数加工任务中并不能接受这样的凹槽加工结果。

要得到高质量的槽，需要分粗、精加工。用刀片宽度比槽宽小的刀具进行粗加工，切除大部分余量，在槽侧及槽底留出精加工余量，然后对槽侧及槽底进行精加工。

图 5-6 所示为精确退刀槽实例，槽由尺寸 $\phi25$mm 定位，槽宽 4mm，槽深至 $\phi24$mm，槽口有 $C1$ 的倒角。

拟用刃宽为 3mm 的刀具进行粗加工，刀具起点设计在点 S_1（X32，Z-24.5）。向下切除如图所示的粗加工区域，同时在槽侧及槽底留出 0.5mm 的精加工余量。

对槽的左右两侧分别进行精加工，并加工出 $C1$ 倒角。

槽左侧及倒角的精加工起点设在倒角轮廓延长线上的点 S_2（左刀尖已到达点 S_2），刀具沿倒角和侧面轮廓切削到槽底，抬刀至 $\phi32$mm。

槽右侧及倒角的精加工起点设在倒角轮廓延长线上的点 S_3（右刀尖已到达点 S_3），刀具沿倒角和侧面轮廓切削到槽底，抬刀至 ϕ32mm。

2. 退刀槽公差控制

若退刀槽有严格的公差要求，则精加工时可通过调整切槽刀的 X 向和 Z 向的偏置量来得到精度较高的槽深和槽宽尺寸。

加工中经常遇到且对退刀槽宽度影响最大的问题是刀具的磨损。随着刀片的不断使用，它的切削刃也不断被磨损而使实际宽度变小。其切削能力并没有削弱，但是加工出的槽宽可能不在公差范围内。解决这一问题的方法是在精加工操作时调整刀具偏置量。

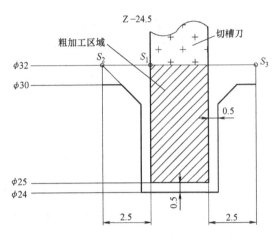

图 5-6　精确退刀槽实例

假定在程序中，以左刀尖为刀位点，对槽的左右两侧分别进行精加工时使用同一个偏置量，如果加工中由于刀具磨损而使槽宽变窄，在不换刀的情况下，正向或负向调整 Z 轴偏置，将改变退刀槽相对于程序原点的位置，但是不能改变槽宽。若要不仅能改变退刀槽位置，还能改变槽宽，则需要控制退刀槽宽度的第二个偏置。

设计左侧倒角和左侧面使用一个偏置（03）进行精加工，右侧倒角和右侧面则使用另一个偏置，为了便于记忆，可将第二个偏置的编号定为13。

加工图 5-7 所示零件，编写数控加工程序，确定合适的进给路线并选择刀具，确定工艺参数，然后在数控车床上进行车削加工。加工完毕后按照表 5-11 进行检测和评价。

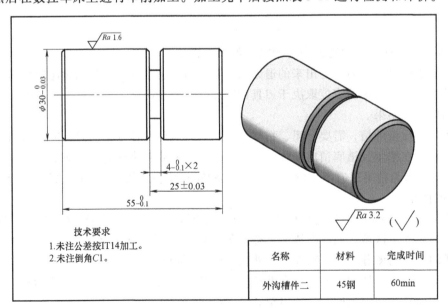

图 5-7　外沟槽件二

表 5-11　外沟槽件二加工评分标准

序号	考核项目	考核内容及要求	评分标准	配分	检测结果	得分	备注
1	工艺	工艺方案符合加工顺序	1)工件定位、夹紧及刀具选择合理 2)加工顺序及进给路线合理	10			
2	编程	程序格式正确,指令使用合理	1)指令正确,程序完整 2)切削参数、坐标系选择正确、合理	10			
3	对刀	刀具安装正确,参数设置正确	刀具安装正确、合理	10			
4	外圆	$\phi 30_{-0.03}^{0}$ mm	每超差 0.01mm 扣 3 分	15			
5	长度	25±0.03mm		10			
		$55_{-0.1}^{0}$ mm	每超差 0.03mm 扣 3 分	10			
6	槽	$4_{-0.1}^{0}$ mm×2mm		10			
7	表面粗糙度	$Ra3.2\mu m$	每降一级扣 2 分	5			
		$Ra1.6\mu m$		5			
8	安全文明生产	遵守机床安全操作规程	不符合安全操作规程酌情扣 1~5 分	5			
9	发生重大事故(人身和设备安全事故)、严重违反工艺原则和情节严重的野蛮操作等,取消实操资格						
记录员			检验员				

任务二　宽槽车削加工

1. 任务描述

按图 5-8 所示要求加工零件,确定合适的进给路线并选择刀具,确定工艺参数,然后在机床上进行切削加工。

根据 G75 径向沟槽切削循环指令的特点,该指令常用于深槽、切断、宽槽、等距多槽的切削,但不用于高精度槽的加工。

2. 任务准备

(1) 读懂零件图　本任务为宽槽车削加工,识读图 5-8 所示宽槽件一图样并填写表 5-12。

表 5-12　从宽槽件一图样中读到的信息

识读内容	读到的信息
零件名称	
零件材料	
零件形状	
宽槽的尺寸	
表面粗糙度要求	
技术要求	

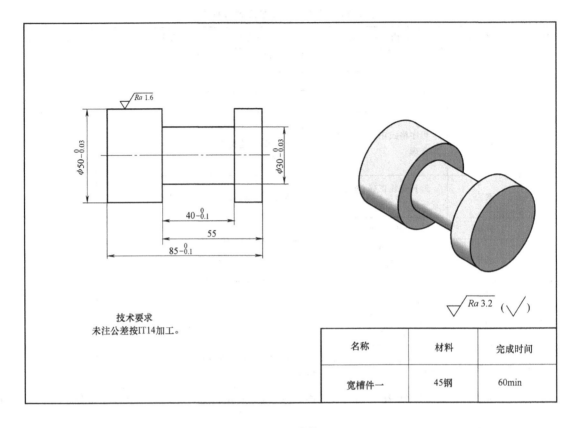

图 5-8　宽槽件一

（2）**槽最终角点坐标设置**　图 5-8 所示宽槽件上有一个较宽的径向槽，槽由尺寸 55mm 定位，槽宽 40mm，槽深 10mm，从 ϕ50mm 至 ϕ30mm，非常适合用 G75 指令编程加工。

拟用刃宽为 4mm 的外切槽刀进行加工，刀具起点设计在点（X54，Z-19），刀具在 X 向与工件有 2mm 的安全间隙，刀位点 Z 向位置与槽右侧相差一个刃宽（4mm），如图 5-9 所示。

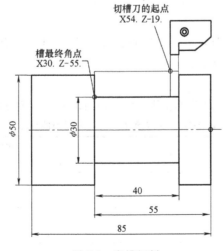

图 5-9　宽槽切削

想一想

图 5-9 中槽的最终角点坐标是多少？

（3）选择加工工艺参数（表 5-13）

表 5-13　选择宽槽件一的加工工艺参数

工步号	工步内容	刀具号	刀具类型	参数设置		备注
				主轴转速/(r/min)	进给量/(mm/r)	

（4）确定加工工艺路线

1）用自定心卡盘夹持毛坯，棒料伸出爪外 55mm。

2）用 93°外圆车刀加工端面。

3）以工件左端面中心为原点建立工件坐标系，粗、精加工 φ50mm 外轮廓至图样尺寸，保证长度 30mm。

4）调头夹持 φ50mm 外圆，车削端面并控制总长 85mm。

5）以工件右端面中心为原点建立工件坐标系，粗、精加工 φ50mm 外轮廓，保证图样尺寸。

6）以工件右端面中心为原点建立工件坐标系，粗、精加工沟槽。

（5）编制宽槽件一数控加工工艺卡片（表 5-14）

表 5-14　宽槽件一数控加工工艺卡片

工序号	程序号	工步号	工步内容	刀具号	参数设置			备注
					主轴转速/(r/min)	进给量/(mm/r)	背吃刀量/mm	

（6）参考程序　较宽径向槽的数控加工程序见表 5-15（FANUC 0i 系统，G01）。

表 5-15　较宽径向槽的数控加工程序

程　　序	说　　明
O0005;	程序名
……	
T0202;	调用 2 号切槽刀,设定工件坐标系
M03 S400;	主轴正转,转速为 400r/min
G00 X54. Z-19. M08;	切槽刀左刀尖到达切削起点,打开切削液
G75 R1.;	切槽循环
G75 X30. Z-55. P3000 Q3000 F0.2;	切槽刀左刀尖回到切削起点
G00 X100. Z100.;	快速退刀
M09;	关闭切削液
M05;	主轴停转
M30;	程序结束并复位

▶ **任务实施**

1. 操作准备

1）CK6140 型数控车床。

2）45 钢毛坯,尺寸为 ϕ55mm×87mm。

3）宽槽件一数控加工刀具卡（表 5-16）。

表 5-16　宽槽件一数控加工刀具卡

刀具号	刀具名称	刀片规格	参考图片	备注
T01	外圆车刀	35°菱形,R0.4mm		
T02	切槽刀	宽 4mm,R0.2mm		

4）宽槽件一数控加工工具、量具卡（表 5-17）。

表 5-17　宽槽件一数控加工工具、量具卡

序号	工具、量具名称	规格	参考图片	备注
1	钢直尺	0~150mm		
2	游标卡尺	0~150mm		
3	游标深度卡尺	0~200mm		

（续）

序号	工具、量具名称	规格	参考图片	备注
4	外径千分尺	25~50mm		
5	卡盘、刀架钥匙			

2. 任务考核表

（1）宽槽车削加工操作技能总成绩表（表 5-18）

表 5-18　宽槽车削加工操作技能总成绩表

序　号	任　务　名　称	配　分	得　分	备　注
1	现场操作规范	10		
2	零件加工质量	90		
	合　计	100		

（2）宽槽车削加工现场操作规范评分表（表 5-19）

表 5-19　宽槽车削加工现场操作规范评分表

序　号	项　目	考核内容及要求	配　分	得分	备　注
1		正确摆放工具、量具	2		
2	现场操作规范	机床操作规范	4		
3		合理选择刀具	2		
4		设备日常维护	2		
	合　计		10		

（3）宽槽车削加工零件质量评分表（表 5-20）

表 5-20　宽槽车削零件质量评分表

序号	考核项目	考核内容及要求	评分标准	配分	检测结果	得分	备注
1	工艺	工艺方案符合加工顺序	1）工件定位、夹紧及刀具选择合理 2）加工顺序及进给路线合理	10			
2	编程	程序格式正确，指令合理使用	1）指令正确，程序完整 2）切削参数、坐标系选择正确、合理	10			
3	对刀	刀具安装正确，参数设置正确	刀具安装正确、合理	15			
4	外圆	$\phi 50_{-0.03}^{0}$ mm	每超差 0.01mm 扣 3 分	10			
5	槽尺寸	$\phi 30_{-0.03}^{0}$ mm	每超差 0.01mm 扣 3 分	10			
		$40_{-0.1}^{0}$ mm	每超差 0.02mm 扣 3 分	10			
6	长度	$85_{-0.1}^{0}$ mm	每超差 0.02mm 扣 3 分	10			

（续）

序号	考核项目	考核内容及要求	评分标准	配分	检测结果	得分	备注
7	表面粗糙度	$Ra1.6\mu m$	每降一级扣2分	5			
		$Ra3.2\mu m$		5			
8	安全文明生产	遵守机床安全操作规程	不符合安全操作规程酌情扣1~5分	5			
9	发生重大事故(人身和设备安全事故)、严重违反工艺原则和情节严重的野蛮操作等,取消实操资格						
记录员			检验员				

3. 操作步骤

1）开机。开机前，应先进行机床开机前的检查，然后打开机床电源，启动数控系统。

2）回参考点操作。

3）装夹零件、刀具。

4）对刀，设定工件坐标系。

5）输入程序。

6）校验程序。

7）自动加工零件。

8）检测零件并上交。

▶ **操作注意事项**

1）切槽时，刀头宽度不能过大，否则容易引起振动。

2）切槽刀的主切削刃要平直，各角度要合适。

3）安装刀具时，切削刃应与工件中心等高，主切削刃要与轴线平行。

4）端面切槽刀的一侧副后刀面应磨成圆弧形，以防与槽壁产生摩擦。

5）槽侧与槽底要平直、清角。

6）加工端面槽时容易产生振动，必要时可采用反切法进行车削加工。

7）要合理选择转速与进给量。

8）要正确使用切削液。

▶ **知识链接**

1. 槽加工的特点

1）切槽刀的刀头宽度较小，一般为3~5mm，故刀具刚度较差，切削过程中容易出现扎刀、振动甚至断刀等现象。

2）加工窄槽时，槽宽由刀头宽度决定。对于尺寸精度要求高的窄槽，刀宽的控制比较困难。

3）加工内沟槽时，刀具后刀面容易与工件加工表面发生干涉与挤压，不易装刀。

4）槽尺寸测量困难。

2. 槽加工的技术要求

1）尺寸公差等级通常为IT8级。

2）几何公差等级为 IT8 级。

3）表面粗糙度值应达到 $Ra3.2\mu m$。

　知识拓展——使用G75指令时的注意事项

1）切槽刀要区分是左刀尖还是右刀尖对刀，以防编程出错。

2）如图 5-10 所示，G75 径向沟槽切削循环指令的切削区域由两部分组成：一是由刀具起点与槽最终角点确定的矩形区域；二是与主切削刃等宽的槽。可见，切削区域的大小由刀具起点、槽最终角点和刀具刃宽决定。

3）G75 径向沟槽切削循环指令执行完毕后，刀具的刀位点重新回到刀具起点。G75 径向沟槽切削循环指令刀具起点的选择要慎重，X 向位置要保证刀具与工件有一定的安全间隙，Z 向位置应与槽右侧相差一个刃宽。

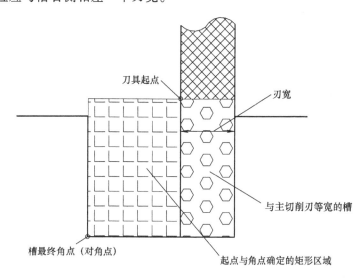

图 5-10　G75 切削循环指令的切削区域

加工图 5-11 所示零件，编写数控加工程序，确定合适的进给路线并选择刀具，确定工艺参数，然后在数控车床上进行车削加工。加工完毕后按照表 5-21 进行检测和评价。

表 5-21　宽槽件二加工评分标准

序号	考核项目	考核内容及要求	评分标准	配分	检测结果	得分	备注
1	工艺	工艺方案符合加工顺序	1）工件定位、夹紧及刀具选择合理 2）加工顺序及进给路线合理	10			
2	编程	程序格式正确，指令使用合理	1）指令正确，程序完整 2）切削参数、坐标系选择正确、合理	10			

（续）

序号	考核项目	考核内容及要求	评分标准	配分	检测结果	得分	备注
3	对刀	刀具安装正确,参数设置正确	刀具安装正确、合理	10			
4	外圆	$\phi 32_{-0.03}^{0}$ mm	每超差 0.01mm 扣 3 分	10			
5	长度	$30_{-0.1}^{0}$ mm	每超差 0.02mm 扣 3 分	10			
6	槽尺寸	$\phi 22_{-0.03}^{0}$ mm	每超差 0.01mm 扣 3 分	15			
		$10_{-0.1}^{0}$ mm	每超差 0.02mm 扣 3 分	10			
7	表面粗糙度	$Ra3.2\mu m$	每降一级扣 3 分	5			
		$Ra3.2\mu m$		5			
8	安全文明生产	遵守机床安全操作规程	不符合安全操作规程酌情扣 1~5 分	5			
10	发生重大事故(人身和设备安全事故)、严重违反工艺原则和情节严重的野蛮操作等,取消实操资格						
记录员			检验员				

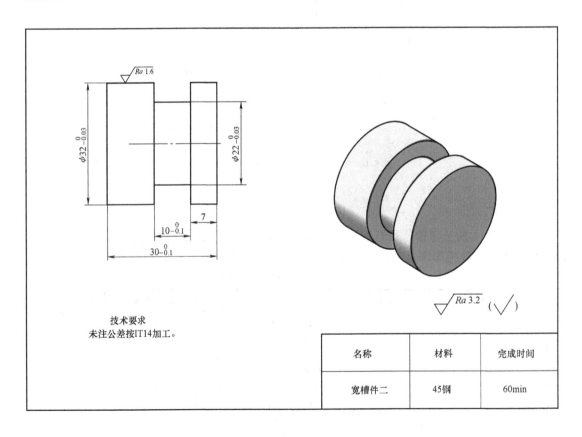

技术要求
未注公差按IT14加工。

名称	材料	完成时间
宽槽件二	45钢	60min

图 5-11　宽槽件二

模块二　内沟槽加工

学习目标

1）会识读内沟槽零件图。

2）能正确制订内沟槽加工工艺并确定工艺参数。

3）能正确选择内沟槽车削加工的刀具。

4）能利用数控车床进行内沟槽的车削加工。

5）会利用常用量具对内沟槽零件进行检测。

6）遵守数控车工安全操作规程。

7）提高质量意识和责任意识，并有效地提高加工过程中安全意识。

8）树立规范化、标准化理念。

学习导入

机器零件由于结构工艺性等的多种需求，加工有不同断面形状的内沟槽，包括退刀用的沟槽，密封用的沟槽，以及用来通气、通油的气、油通道等。

工作任务

1. 任务描述

按图 5-12 所示要求加工零件，确定合适的进给路线并选择刀具，确定工艺参数，然后

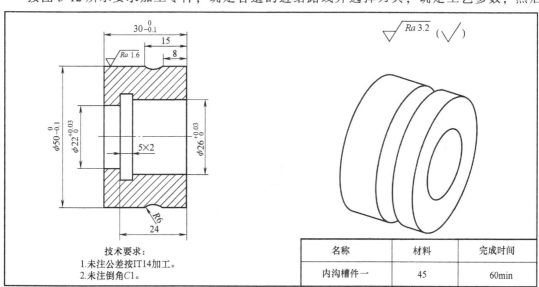

名称	材料	完成时间
内沟槽件一	45	60min

图 5-12　内沟槽件一

技术要求：
1.未注公差按IT14加工。
2.未注倒角C1。

在机床上进行切削加工。

2. 任务准备

（1）读懂零件图　本任务为内沟槽车削，识读图 5-12 所示内沟槽件一图样并填写表 5-22。

表 5-22　从内沟槽件一图样中读到的信息

识 读 内 容	读到的信息
零件名称	
零件材料	
零件形状	
内沟槽的尺寸	
表面粗糙度要求	
技术要求	

（2）选择装夹方法

 想一想

装夹图 5-12 所示内沟槽件一时应注意什么？

（3）选择加工工艺参数　参考表 5-23，完成表 5-24。

表 5-23　不同工件直径、刃宽、加工材料对应的切削用量

工件直径/mm	刃宽/mm	加工材料	
		碳素结构钢、合金结构钢及铸钢	铸铁、铜合金及铝合金
		进给量 f/(mm/r)	
≤20	3	0.06~0.08	0.11~0.14
>20~40	3~4	0.10~0.12	0.16~0.19
>40~60	4~5	0.13~0.16	0.20~0.24
>60~100	5~8	0.16~0.23	0.24~0.32
>100~150	6~10	0.18~0.26	0.30~0.40
>150	10~15	0.28~0.36	0.40~0.55

注：1. 在直径大于 60mm 的实心材料上进行切断操作，当切断刀与零件轴线的距离接近半径的一半时，表中进给量应减小 40%~50%。

2. 加工淬硬钢工件时，表内进给量应减小 30%（硬度小于 50HRC 时）或 50%（硬度大于或等于 50HRC 时）。

表 5-24　选择内沟槽件一的加工工艺参数

工步号	工步内容	刀具号	刀具类型	参数设置		备注
				主轴转速/(r/min)	进给量/(mm/r)	

（4）确定加工工艺路线

1）用自定心卡盘夹持毛坯，棒料伸出爪外 20mm。

2）用 93°外圆车刀加工端面。

3）以工件右端面中心为原点建立工件坐标系，粗、精加工 $\phi50$mm 外轮廓至图样尺寸，保证长度 15mm。

4）粗、精加工 $\phi22$ mm 通孔。

5）调头装夹 $\phi50$mm 外圆，车削端面并控制总长 30mm。

6）在工件左端面中心处建立工件坐标系，粗、精加工 $\phi50$mm 外轮廓至图样尺寸，保证长度尺寸。

7）粗、精加工 $\phi26$mm 内孔，保证长度 24mm。

8）以工件右端面中心为原点建立工件坐标系，粗、精加工内沟槽。

（5）编制内沟槽件一数控加工工艺卡片（表 5-25）

表 5-25　内沟槽件一数控加工工艺卡片

工序号	程序号	工步号	工步内容	刀具号	参数设置			备注
					主轴转速/(r/min)	进给量/(mm/r)	背吃刀量/mm	

（6）参考程序　内沟槽件一右端数控加工程序见表 5-26（左端加工程序略）。

表 5-26　内沟槽件一右端数控加工程序

程　序	说　明
O0003；	程序名
T0303；	调用 3 号内槽车刀，设定工件坐标系
M03 S400；	主轴正转，转速为 400r/min
G00 X55. Z10.；	快速定位
G00 X20. Z2.；	快速接近工件，准备车削端面
G01 Z-19.5 F0.2；	内沟槽粗加工
X30.；	X 向进给（至槽底）
X20.；	X 向退刀
Z-22.；	Z 向进给
X30.；	X 向进给（至槽底）
X20.；	X 向退刀
Z-23.5.；	Z 向进给
X30.；	X 向进给（至槽底）

（续）

程　　　序	说　　　明
X20.；	X 向退刀
Z2.；	Z 向退刀
G00 Z100.；	Z 向快速退刀
M05；	主轴停转
M00；	程序暂停
T0303；	调用 3 号内槽车刀，设定工件坐标系
M03 S400；	主轴正转，转速为 400r/min
G00 X20. Z2.；	定位至精车循环的循环起点
G01 Z−21. F0.1；	内沟槽精加工
X30.；	X 向进给（至槽底）
Z−24.；	Z 向进给
X20.；	X 向退刀
Z2.；	Z 向退刀
G00 Z100；	Z 向快速退刀
M05；	主轴停转
M30；	程序结束并复位

▶ **任务实施**

1. 操作准备

1）CK6140 型数控车床。

2）45 钢毛坯，尺寸为 φ55mm×35mm。

3）内沟槽件一数控加工刀具卡（表 5-27）。

表 5-27　内沟槽件一数控加工刀具卡

刀具号	刀具名称	刀片规格	参考图片	备注
T01	93°外圆车刀	35°菱形，R0.4mm		
T02	内孔车刀	TN60		
T03	内槽车刀	刀宽 2mm		

4）内沟槽件一数控加工工具、量具卡（表 5-28）

2. 任务考核表

（1）内沟槽件一车削加工操作技能总成绩表（表 5-29）

表5-28　内沟槽件一数控加工工具、量具卡

序号	工具、量具名称	规格	参考图片	备注
1	游标卡尺	0~150mm		
2	游标深度卡尺	0~200mm		
3	两点内径千分尺	0~50mm		
4	内测千分尺	5~30mm		
5	内径指示表	18~35mm		
6	卡盘、刀架钥匙			

表5-29　内沟槽件一车削加工操作技能总成绩表

序　号	任务名称	配分	得分	备注
1	现场操作规范	10		
2	零件加工质量	90		
	合计	100		

（2）内沟槽车削加工现场操作规范评分表（表5-30）

表5-30　内沟槽车削加工现场操作规范评分表

序号	项目	考核内容及要求	配分	得分	备注
1	现场操作规范	正确使用工具、量具	2		
2		机床操作规范	4		
3		合理选择刀具	2		
4		设备日常维护	2		
	合计		10		

（3）内沟槽车削加工零件质量评分表（表5-31）

表5-31　内沟槽车削加工零件质量评分表

序号	考核项目	考核内容及要求	评分标准	配分	检测结果	得分	备注
1	工艺	工艺方案符合加工顺序	1)工件定位、夹紧及刀具选择合理 2)加工顺序及进给路线合理	5			
2	编程	程序格式正确,指令使用合理	1)指令正确,程序完整。 2)切削参数、坐标系选择正确、合理	10			
3	对刀	刀具安装正确,参数设置正确	刀具安装正确、合理	10			
4	外圆	$\phi 50_{-0.1}^{0}$ mm	每超差 0.02mm 扣 3 分	10			
5	内孔	$\phi 22_{0}^{+0.03}$ mm	每超差 0.01mm 扣 3 分	10			
		$\phi 26_{0}^{+0.03}$ mm	每超差 0.01mm 扣 3 分	10			
6	槽	5mm×2mm	每超差 0.01mm 扣 3 分	10			
7	长度	$30_{-0.1}^{0}$ mm	每超差 0.02mm 扣 3 分	10			
8	表面粗糙度	$Ra3.2\mu m$	每降一级扣 2 分	5			
		$Ra1.6\mu m$		5			
9	安全文明生产	1)遵守机床安全操作规程 2)刀具、工具、量具放置规范 3)设备保养正确、场地整洁	不符合安全操作规程酌情扣 1~5分	5			
10	发生重大事故(人身和设备安全事故)、严重违反工艺原则和情节严重的野蛮操作等,取消实操资格						
记录员			检验员				

3. 操作步骤

1）开机。开机前，应先进行机床开机前的检查，然后打开机床电源，启动数控系统。

2）回参考点操作。

3）装夹零件、刀具。

4）对刀，设定工件坐标系。

5）输入程序。

6）校验程序。

7）自动加工零件。

8）检测零件并上交。

▶ **操作注意事项**

安装内槽车刀时的注意事项：

1）内槽车刀与切断刀的几何形状基本相同，只是安装方向相反。

2）安装时应使主切削刃与内孔中心等高，两侧副偏角须对称。

3）车削加工内沟槽时，刀头伸出长度应大于槽深，同时应保证刀杆直径与刀头在刀杆上伸出的长度之和小于内孔直径。

 知识链接

1. 内沟槽的作用

（1）退刀作用　在加工内螺纹、镗内孔和磨内孔等过程中用于退刀。

（2）密封作用　在内沟槽里面嵌入油毛毡等密封软介质，可防止设备内油液溢出。

（3）通道作用　在液压和气压滑阀中，用作通油和通气的导槽。

2. 内沟槽的车削加工方法

车削内沟槽时，受孔径和槽深的限制，刀杆直径比镗孔时还要小，特别是车削孔径小、沟槽深的内沟槽时，情况更为突出。车削内沟槽时排屑特别困难，切屑先要从沟槽内出来，然后再从内孔中排出，也就是说，切屑的排出要经过90°的转弯。

车削内沟槽时的尺寸控制方法：狭槽可选用相对应的准确刀头宽度的内槽车刀加工出来；加工宽槽和多槽工件时，可在编程时采用移位法、调用子程序法和G75径向沟槽切削循环指令。车削梯形槽和倒角槽时，一般可先加工出与槽底等宽的直槽，再沿相应的梯形角度或倒角角度移动车刀加工出梯形槽和倒角槽。

3. 切削用量的选择

（1）背吃刀量 a_p　横向切削时，背吃刀量等于内槽车刀的主切削刃宽度，所以只需确定切削速度和进给量。

（2）进给量 f　由于内槽车刀的刚度、强度比其他车刀低，以及散热条件较差，所以应适当减小进给量。进给量太大时，容易使刀折断；进给量太小时，后刀面将与工件产生强烈摩擦而引起振动。进给量的具体数值根据工件和刀具的材料来决定。一般用高速工具钢内槽车刀车削钢件时，$f=0.05\sim0.1$mm/r；车削铸铁件时，$f=0.1\sim0.2$mm/r。用硬质合金刀具加工钢件时，$f=0.1\sim0.2$mm/r；加工铸铁件时，$f=0.15\sim0.25$mm/r。

（3）切削速度 v_c　切断时的实际切削速度随刀具的切入越来越低，因此，切断时的切削速度可选得高些。用高速工具钢车削钢件时，$v_c=30\sim40$m/min；加工铸铁件时，$v_c=15\sim25$m/min。用硬质合金刀具车削钢件时，$v_c=80\sim120$m/min；加工铸铁件时，$v_c=60\sim100$m/min。

 试一试

加工图5-13所示零件，编写数控加工程序，确定合适的进给路线并选择刀具，确定工艺参数，然后在数控车床上进行车削加工。加工完毕后按照表5-32进行检测和评价。

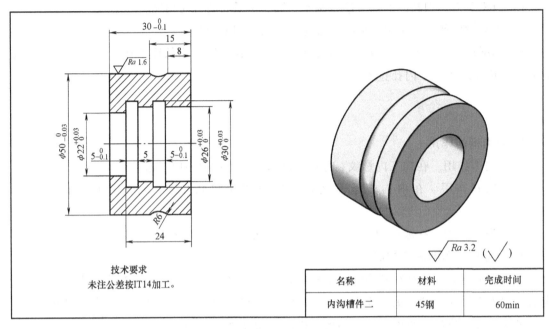

技术要求
未注公差按IT14加工。

名称	材料	完成时间
内沟槽件二	45钢	60min

图 5-13　内沟槽件二

表 5-32　内沟槽件二加工评分标准

序号	考核项目	考核内容及要求	评分标准	配分	检测结果	得分	备注
1	工艺	工艺方案符合加工顺序	1)工件定位、夹紧及刀具选择合理 2)加工顺序及进给路线合理	10			
2	编程	程序格式正确,指令使用合理	1)指令正确,程序完整 2)切削参数、坐标系选择正确、合理	10			
3	对刀	刀具安装正确,参数设置正确	刀具安装正确、合理	5			
4	外圆	$\phi 50_{-0.03}^{0}$ mm	每超差 0.01mm 扣 3 分	10			
5	内孔	$\phi 22_{0}^{+0.03}$ mm	每超差 0.01mm 扣 3 分	10			
		$\phi 26_{0}^{+0.03}$ mm		10			
6	槽尺寸	$5_{-0.1}^{0}$ mm	每超差 0.02mm 扣 2 分	5			
		$\phi 30_{0}^{+0.03}$ mm	每超差 0.01mm 扣 3 分	10			
7	长度	$30_{-0.1}^{0}$ mm	每超差 0.02mm 扣 2 分	5			
8	表面粗糙度	$Ra3.2 \mu m$	每降一级扣 2 分	5			
		$Ra1.6 \mu m$		5			
9	安全文明生产	1)遵守机床安全操作规程 2)刀具、工具、量具放置规范 3)设备保养正确、场地整洁	不符合安全操作规程酌情扣 1~5 分	5			
10	发生重大事故(人身和设备安全事故)、严重违反工艺原则和情节严重的野蛮操作等,取消实操资格						
记录员			检验员				

项目六

螺 纹 加 工

项目描述

螺纹的主要作用是连接（图6-1）和传动。螺纹按其母体形状分为圆柱螺纹和圆锥螺纹；按其在母体上所处的位置分为外螺纹和内螺纹；按其截面形状（牙型）分为三角形螺纹、矩形螺纹、梯形螺纹、锯齿形螺纹及特殊形状螺纹。普通螺纹是我国应用最广泛的一种连接螺纹，截面形状为三角形，其牙型角为60°。

图6-1 螺纹

模块一 三角形外螺纹加工

学习目标

1）会识读外螺纹零件图。
2）能正确制订外螺纹加工工艺并确定工艺参数。
3）能正确使用外螺纹车削加工的刀具。
4）能利用数控车床进行外螺纹的车削加工。
5）会利用螺纹环规对外螺纹进行检测。
6）遵守数控车工安全操作规程。
7）养成保持工作环境清洁有序的良好习惯。

学习导入

生产加工中会遇到螺纹，螺纹车削是数控车削加工中的一项基本技能。

 工作任务

1．任务描述

按图6-2所示要求加工零件，确定合适的进给路线并选择刀具，确定工艺参数，然后在机床上进行切削加工。

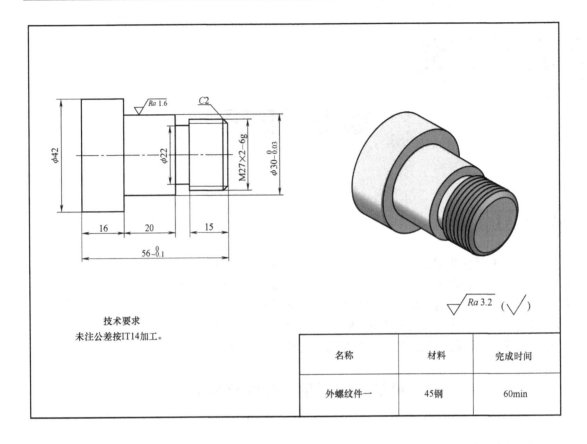

技术要求

未注公差按IT14加工。

名称	材料	完成时间
外螺纹件一	45钢	60min

图 6-2　外螺纹件一

2. 任务准备

（1）读懂零件图　本任务为车削三角形外螺纹识读。图 6-2 所示外螺纹件一图样并填写表 6-1。

表 6-1　从外螺纹件一中读到的信息

识读内容	读到的信息
零件名称	
零件材料	
零件形状	
零件图中重要的尺寸	
螺纹尺寸	
表面粗糙度要求	
技术要求	

（2）选择装夹方法　该零件结构简单，采用自定心卡盘进行装夹即可。

（3）选择加工工艺参数（表 6-2）　车削螺纹的主轴转速可按以下经验公式计算

$$n \leqslant 1200/P - K$$

式中　P——工件的螺距（mm）；

K——安全系数，一般取 80。

当然，主轴转速的选择不是唯一的。当使用一些高档刀具车削螺纹时，其主轴转速可以按照 200m/min 选取，前提是数控系统能够支持高速螺纹加工操作，一般经济型机床在高速加工螺纹时会出现"乱牙"现象。

想一想

车削图 6-2 所示三角形外螺纹时，主轴转速应为多少？

表 6-2　选择三角形外螺纹的加工工艺参数

工步号	工步内容	刀具号	刀具类型	参数设置		备注
				主轴转速 /(r/min)	进给量/ (mm/r)	

（4）确定加工工艺路线

1）用自定心卡盘夹持毛坯右端，用 93°外圆车刀加工左端面。

2）用 93°外圆车刀加工 $\phi42$mm 外圆。

3）调头夹持工件左端，用 93°外圆车刀加工工件右端面，控制总长。

4）以工件右端面中心为原点建立工件坐标系，粗、精加工 $\phi26.8$mm 至 $\phi30$mm 外轮廓。

5）车削退刀槽。

6）车削螺纹。

（5）螺纹大径（公称直径）$d_公 = 27$mm；计算相关尺寸

螺纹加工前外圆直径预制 $d_轴 = d_公 - 0.1P = 27$mm $- 0.1 \times 2$mm $= 26.8$mm；

螺纹小径 $d_1 = d_公 - 1.3P = 27$mm $- 1.3 \times 2$mm $= 24.4$mm；

螺纹牙深 $h = (d - d_1)/2 = (26.8 - 24.4)mm/2 = 1.2$mm。

（6）编制外螺纹件一数控加工工艺卡片（表 6-3）

表 6-3　外螺纹件一数控加工工艺卡片

工序号	程序号	工步号	工步内容	刀具号	参数设置			备注
					主轴转速 /(r/min)	进给量 /(mm/r)	背吃刀量 /mm	

（7）参考程序

1）外螺纹件一右端数控加工程序（1）见表 6-4（FANUC 0i 系统，G92）。

表 6-4　外螺纹件一右端数控加工程序（1）

程　序	说　明
O0092；	程序名
T0303；	调用 3 号外螺纹车刀,设定工件坐标系
S500 M03；	主轴正转,转速为 500r/min
G00 X27. Z5. M08；	刀具快速定位至循环起点,打开切削液
G92 X26.1 Z-17. F2.；	螺纹第 1 次切削循环,背吃刀量（直径值）为 0.9mm,螺距为 2mm
X25.5；	螺纹第 2 次切削循环,背吃刀量（直径值）为 0.6mm
X24.9；	螺纹第 3 次切削循环,背吃刀量（直径值）为 0.6mm
X24.5；	螺纹第 4 次切削循环,背吃刀量（直径值）为 0.4mm
X24.4；	螺纹第 5 次切削循环,背吃刀量（直径值）为 0.1mm
G00 X50. M09；	X 向快速退出,关闭切削液
G00 Z5. M05；	Z 向快速退出,主轴停转
M30；	程序结束并复位

2）外螺纹件一右端数控加工程序（2）见表 6-5（FANUC 0i 系统，G76）。

表 6-5　外螺纹件一右端数控加工程序（2）

程序	说明
O0076；	程序名
T0303；	调用 3 号外螺纹车刀,设定工件坐标系
S500 M03；	主轴正转,转速为 500r/min
G00 X27. Z5. M08；	刀具快速定位至循环起点,打开切削液
G76 P011060 Q100 R0.1；	调用螺纹切削复合循环指令,设置相关参数
G76 X24.4 Z-17. R0. P1300 Q900 F2.0；	螺距为 2mm
G00 X50. M09；	X 向快速退出,关闭切削液
G00 Z5.；	Z 向快速退出
M05；	主轴停转
M30；	程序结束并复位

▶ **任务实施**

1. 操作准备

1）CK6140 型数控车床。

2）45 钢毛坯,尺寸为 $\phi45mm \times 60mm$。

3）外螺纹件一数控加工刀具卡（表 6-6）

表 6-6 外螺纹件—数控加工刀具卡

刀具号	刀具名称	刀片规格	参考图片	备注
T01	93°外圆车刀	35°菱形，R0.4mm		
T02	外切槽刀	刃宽4mm		
03	60°外螺纹车刀			

4）外螺纹件—数控加工工具、量具卡（表6-7）。

表 6-7 外螺纹件—数控加工工具、量具卡

序号	工具、量具名称	规格	参考图片	备注
1	钢直尺	0~200mm		
2	游标卡尺	0~150mm		
3	外径千分尺	25~50mm		
4	螺纹环规	M27×2		
5	卡盘、刀架钥匙			

2. 任务考核表

（1）外螺纹车削加工操作技能总成绩表（表6-8）

表 6-8 外螺纹车削加工操作技能总成绩表

序号	任务名称	配分	得分	备注
1	现场操作规范	10		
2	零件加工质量	90		
合计		100		

（2）外螺纹车削加工现场操作规范评分表（表6-9）

表6-9　外螺纹车削加工现场操作规范评分表

序号	项目	考核内容及要求	配分	得分	备注
1	现场操作规范	正确摆放工具、量具	2		
2		机床操作规范	4		
3		合理选择刀具	2		
4		设备日常维护	2		
合计			10		

（3）外螺纹件—零件质量评分表（表6-10）

表6-10　外螺纹件—零件质量评分表

序号	考核项目	考核内容及要求	评分标准	配分	检测结果	得分	备注
1	工艺	工艺方案符合加工顺序	1)工件定位、夹紧及刀具选择合理 2)加工顺序及进给路线合理	10			
2	编程	程序格式正确,指令使用合理	1)指令正确,程序完整。 2)切削参数、坐标系选择正确、合理	10			
3	对刀	刀具安装正确,参数设置正确	刀具安装正确、合理	10			
4	外圆	$\phi30_{-0.03}^{0}$ mm	每超差0.01mm扣3分	10			
		$\phi42$mm		10			
5	长度	$56_{-0.1}^{0}$ mm	每超差0.02mm扣3分	10			
6	螺纹	M27×2-6g	超差不得分	15			
7	表面粗糙度	$Ra3.2\mu m$	每降一级扣2分	5			
		$Ra1.6\mu m$		5			
8	安全文明生产	遵守机床安全操作规程	不符合安全操作规程酌情扣1~5分	5			
9	发生重大事故(人身和设备安全事故)、严重违反工艺原则和情节严重的野蛮操作等,取消实操资格						
记录员				检验员			

3. 操作步骤

1) 开机。开机前，应先进行机床开机前的检查，然后打开机床电源，启动数控系统。

2) 回参考点操作。

3) 装夹零件、刀具。

4) 对刀、设定工件坐标系。

外螺纹对刀

5) 输入程序。

6) 校验程序。

7) 自动加工零件。

8) 检测零件并上交。

操作注意事项

1) 安装毛坯时，要夹紧，防止毛坯在试切时发生松动，损坏刀具。

2) 安装刀具时，刀尖应与主轴回转中心等高，以防车端面至中心时刀具损坏。

3) 安装螺纹车刀时，应使用螺纹样板对刀。

4) 校验程序时，要检查程序的语法错误和走刀点位置是否正确。

5) 空运行完成后机床必须回参考点。

6) 螺纹切削过程中，进给速度倍率无效，进给速度被限制在100%。

7) 螺纹加工过程中不能停止进给，一旦停止进给，背吃刀量会急剧增加，非常危险。

8) 加工后要去除零件边棱处的毛刺。

 知识链接

1. 外螺纹综合检验

螺纹环规是一种常用的螺纹检测工具。如图6-3所示，通端螺纹环规和止端螺纹环规是分开的，通端有完整的牙型和标准旋合长度；止端是截短牙型，去除了两端不完整牙型，其长度不小于4牙。

如图6-4所示，用螺纹环规的通端检验工件时，若能顺利旋入并通过工件的全部外螺纹；而用止端检验时，又不能通过工件的外螺纹，则说明该螺纹合格。

  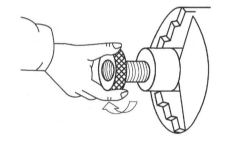

图6-3　螺纹环规 　　　　　　　　　　　图6-4　用螺纹环规检验螺纹

用螺纹环规检验螺纹是一种综合检验方法，用螺纹环规虽然不能测量出工件的实际尺寸，但能够直观地判断被测螺纹是否合格（螺纹是合格品时，表明螺纹的基本参数，如中径、螺距、牙型角等均合格）。由于采用螺纹环规进行检验的方法简便、工作效率高，装配时螺纹的互换性得到了可靠的保证。因此，在大批量生产中应用螺纹环规进行检验是较为普遍的。

2. 螺距的测量

一般螺纹的螺距可用钢直尺测量，如图6-5a所示。在测量较小的螺距时，最好测量10个螺距的总长，然后用总长除以10，得出一个螺距的平均尺寸。测量较大的螺距时，可测出2个或4个螺距的总长，再计算出它的平均螺距。当细牙螺纹螺距的测量有困难时，可用螺距规来测量，如图6-5b所示。测量时把螺距规沿平行于轴线的方向嵌入牙型中，如果完全符号，则说明被测螺距是合格的。

3．大径的测量 螺纹大径的公差较大，一般可使用游标卡尺或外径千分尺测量。

4．中径的测量 三角形螺纹的中径可用螺纹千分尺或用三针测量法测量。螺纹千分尺如图 6-6a 所示，一般用于中径尺寸公差等级在 IT5 级以下的螺纹的测量。用三针测量外螺纹中径是一种比较精密的测量方法，如图 6-6b 所示。测量所用的三根圆柱形量针是由量具厂专门制造的。

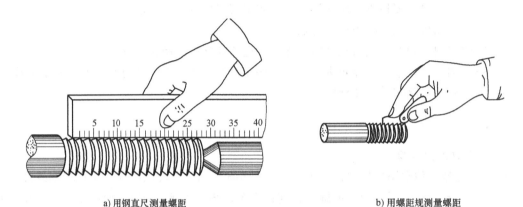

a) 用钢直尺测量螺距   b) 用螺距规测量螺距

图 6-5   螺距的测量方法

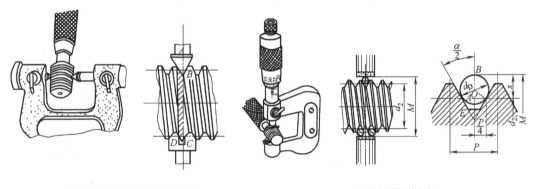

a) 用螺纹千分尺测量螺纹中径   b) 三针测量螺纹中径

图 6-6   中径的测量方法

5．车削螺纹时的常见故障及其产生原因

（1）车刀安装得过高或过低 车刀安装得过高，则切削至一定的背吃刀量时，车刀的后刀面将顶住工件，增大了摩擦力，甚至会把工件顶弯；车刀装得过低，则切屑不易排出，车刀背向力的方向是工件中心方向，致使背吃刀量不断自动趋向加大，从而把工件抬起，出现"啃刀"。此时，应及时调整车刀高度，使其刀尖与工件的轴线等高。在粗车和半精车循环时，刀尖位置比工件的中心高出 $1\%D$ 左右（D 为被加工工件的直径）。

（2）工件装夹不牢 若工件装夹时伸出过长或工件本身的刚度不能承受车削时的切削力，则会产生过大的挠度，改变了车刀与工件的中心高度（工件被抬高了），造成背吃刀量突增，出现"啃刀"。此时应把工件装夹牢固，可使用尾座顶尖等来增加工件刚度。

（3）牙型不正确　车刀安装得不正确，没有采用螺纹样板对刀，刀尖产生倾斜，造成螺纹的牙型半角误差。

（4）刀片与螺距不符　采用定螺距刀片加工螺纹时，刀片加工范围与工件实际螺距不符，也会造成牙型不正确，甚至会引起撞刀事故。

（5）切削线速度过高　进给伺服系统无法快速响应，造成"乱牙"现象。因此，一定要了解机床的加工性能，不能盲目地追求"高速、高效"加工。

（6）螺纹表面粗糙　螺纹表面粗糙是由车刀刃口不光洁、切削液不合适、切削参数和工件材料不匹配，以及因系统刚度不足导致切削过程中产生振动等原因造成的。应更换刀片；选择适当的切削速度和切削液；调整车床滚珠丝杠间隙，保证各导轨间隙的准确性，防止切削时产生振动。另外，在高速切削螺纹时，若背吃刀量太小或切屑沿斜方向排出等问题会造成已加工表面被拉毛。一般在高速切削螺纹时，最后一刀的背吃刀量要大于0.1mm，切屑要沿垂直于轴线方向排出。对于因刀杆刚度不够，导致切削时引起振动而造成螺纹表面粗糙的情况，可以减小刀杆伸出量，并稍降低切削速度。

▶ 知识拓展 ——锥形螺纹切削循环指令G92

图6-7所示为锥形螺纹切削循环路线图。

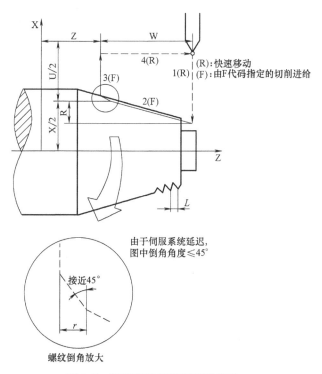

图6-7　锥形螺纹切削循环路线图

G92指令格式：

G92 X（U）__ Z（W）__ R __ F __；

其中 X、Z——螺纹终点的坐标值；

　　　U、W——螺纹终点坐标相对于循环起始点的增量坐标值；

F——螺纹的螺距；

R——圆锥面的切削起点相对于终点的半径差。

试一试

加工图 6-8 所示零件，编写数控加工程序，确定合适的进给路线并选择刀具，确定工艺参数，然后在数控车床上进行车削加工。加工完毕后按照表 6-11 进行检测和评价。

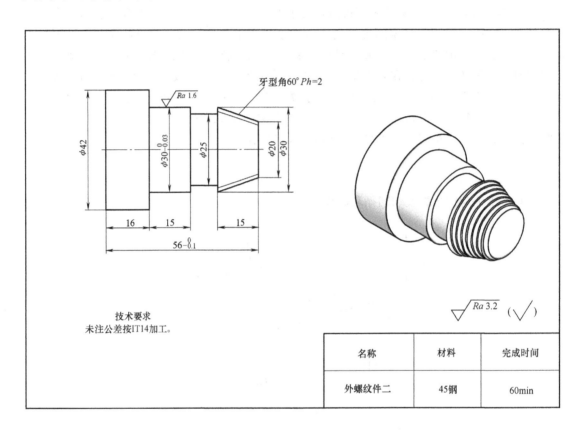

技术要求
未注公差按IT14加工。

名称	材料	完成时间
外螺纹件二	45钢	60min

图 6-8　外螺纹件二

表 6-11　外螺纹件二加工评分标准

序号	考核项目	考核内容及要求	评分标准	配分	检测结果	得分	备注
1	工艺	工艺方案符合加工顺序	1）工件定位、夹紧及刀具选择合理 2）加工顺序及进给路线合理	10			
2	编程	程序格式正确，指令使用合理	1）指令正确，程序完整 2）切削参数、坐标系选择正确、合理	10			
3	对刀	刀具安装正确，参数设置正确	刀具安装正确、合理	10			
4	外圆	$\phi 30_{-0.03}^{0}$ mm	每超差 0.01mm 扣 3 分	15			

（续）

序号	考核项目	考核内容及要求		评分标准	配分	检测结果	得分	备注
5	长度	$56_{-0.1}^{0}$ mm		每超差 0.02mm 扣 3 分	10			
6	螺纹	牙型角 $60°$，$Ph = 2$		超差不得分	20			
7	表面粗糙度	$Ra3.2\mu m$		每降一级扣 2 分	5			
		$Ra1.6\mu m$			5			
8	安全文明生产	遵守机床安全操作规程		不符合安全操作规程酌情扣 1~5 分	5			
9	发生重大事故（人身和设备安全事故）、严重违反工艺原则和情节严重的野蛮操作等，取消实操资格							
记录员				检验员				

模块二　三角形内螺纹加工

学习目标

1）会识读内螺纹件零件图。

2）能正确制订内螺纹件的加工工艺并确定工艺参数。

3）能正确使用内螺纹车削加工的刀具。

4）能利用数控车床进行内螺纹的车削加工。

5）会利用螺纹塞规对内螺纹进行检测。

6）遵守数控车工安全操作规程。

7）提升学生的爱国情怀，建立技术兴国的强烈责任心。

8）能独立分析工作任务，制订工作计划，具备一定的职业素养。

学习导入

在各种机械产品中，带有内螺纹的零件应用广泛，内螺纹的常见用途是连接紧固、密封、传递运动等。三角形内螺纹的加工是在圆柱上加工出特殊形状螺旋槽的过程。

 工作任务

1. 任务描述

按图 6-9 所示要求加工零件，确定合适的进给路线并选择刀具，确定工艺参数，然后在机床上进行切削加工。

2. 任务准备

（1）读懂零件图　本任务为车削三角形内螺纹，识读图 6-9 所示内螺纹件一图样并填写表 6-12。

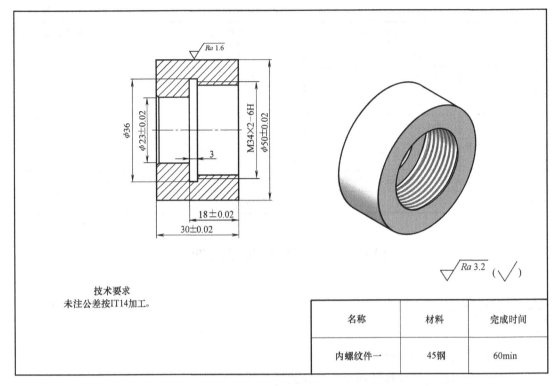

图6-9 内螺纹件一

表6-12 从内螺纹件一图样中读到的信息

识读内容	读到的信息
零件名称	
零件材料	
零件形状	
零件图中的重要尺寸	
螺纹尺寸	
表面粗糙度要求	
技术要求	

（2）选择装夹方法　该零件结构简单，采用自定心卡盘进行装夹即可。

（3）选择加工工艺参数（表6-13）

表6-13 选择内螺纹件一的加工工艺参数

工步号	工步内容	刀具号	刀具类型	参数设置		备注
				主轴转速/(r/min)	进给量/(mm/r)	

（4）确定加工工艺路线

1）用自定心卡盘夹持毛坯，用93°外圆车刀车削右端面。

2）用93°外圆车刀加工 $\phi50mm$ 外圆右端。

3）用内孔车刀加工螺纹底孔至 $\phi32mm$。

4）用内槽车刀加工螺纹退刀槽。

5）用60°内螺纹车刀加工内螺纹。

6）掉头装夹，用93°外圆车刀加工左端面，控制总长。

7）用93°外圆车刀加工 $\phi50mm$ 外圆左端。

8）用内孔车刀加工左端 $\phi23mm$ 内孔。

（5）螺纹底孔直径计算

车削塑性材料时　　　　　　　$D_{底}=D-P$

车削脆性材料时　　　　　　　$D_{底}=D-1.05P$

式中　D——螺纹大径（mm）；

　　　$D_{底}$——螺纹底孔直径（mm）；

　　　P——螺距（mm）。

想一想

图6-9中 M34×2 螺纹的底孔直径应为多少？

（6）编制内螺纹件一数控加工工艺卡片（表6-14）

表6-14　内螺纹件一数控加工工艺卡片

工序号	程序号	工步号	工步内容	刀具号	参数设置			备注
					主轴转速/(r/min)	进给量/(mm/r)	背吃刀量/mm	

（7）参考程序

1）内螺纹件一右端数控加工程序（1）见表6-15（FANUC 0i系统，G92）。

表6-15　内螺纹件一右端数控加工程序（1）

程　序	说　明
O0092;	程序名
T0404;	调用4号内螺纹车刀，设定工件坐标系
S500 M03;	主轴正转，转速为500r/min
G00 X32. Z5. M08;	刀具快速定位至循环起点，打开切削液
G92 X32.7 Z-17. F2.;	螺纹第1次切削循环，背吃刀量（直径值）为0.7mm，螺距为2mm
X33.3;	螺纹第2次切削循环，背吃刀量（直径值）为0.6mm

（续）

程　序	说　明
X33.8；	螺纹第 3 次切削循环,背吃刀量(直径值)为 0.5mm
X33.9；	螺纹第 4 次切削循环,背吃刀量(直径值)为 0.1mm
X34.；	螺纹第 5 次切削循环,背吃刀量(直径值)为 0.1mm
G00 Z5. M09；	Z 向快速退出,关闭切削液
M05；	主轴停转
M30；	程序结束并复位

2）内螺纹件一右端数控加工程序（2）见表 6-16（FANUC 0i 系统，G76）。

表 6-16　内螺纹件一右端数控加工程序（2）

程　序	说　明
O0076；	程序名
T0404；	调用 4 号内螺纹车刀,设定工件坐标系
S500 M03；	主轴正转,转速为 500r/min
G00 X32. Z5. M08；	刀具快速定位至循环起点,打开切削液
G76 P011060 Q100 R0.1；	调用螺纹切削复合循环指令,设置相关参数
G76 X34. Z-17. R0. P1050 Q700 F2.0；	螺距为 2mm
G00 X50. M09；	X 向快速退出,关闭切削液
G00 Z5. M05；	Z 向快速退出,主轴停转
M30；	程序结束并复位

▶ 任务实施

1．操作准备

1）CK6140 型数控车床。

2）45 钢毛坯，尺寸为 $\phi55mm×35mm$（内孔为 $\phi20mm$）。

3）内螺纹件一数控加工刀具卡（表 6-17）

表 6-17　内螺纹件一数控加工刀具卡

刀具号	刀具名称	刀片规格	参考图片	备注
T01	93°外圆车刀	35°菱形,R0.4mm		
T02	内槽车刀	刃宽 2mm		
T03	内孔车刀	80°菱形,R0.4mm		
T04	60°内螺纹车刀			

4）内螺纹件—数控加工工具、量具卡（表6-18）

表6-18　内螺纹件—数控加工工具、量具卡

序号	工具、量具名称	规格	参考图片	备注
1	钢直尺	0~150mm		
2	游标卡尺	0~150mm		
3	外径千分尺	25~50mm		
4	内测千分尺	0~25mm		
5	螺纹塞规	M34×2		

2. 任务考核表

（1）内螺纹件—车削加工操作技能总成绩表（表6-19）

表6-19　内螺纹件—车削加工操作技能总成绩表

序号	任务名称	配分	得分	备注
1	现场操作规范	10		
2	零件加工质量	90		
	合计	100		

（2）内螺纹件—车削加工现场操作规范评分表（表6-20）

表6-20　内螺纹件—车削加工现场操作规范评分表

序号	项目	考核内容及要求	配分	得分	备注
1	现场操作规范	正确摆放工具、量具	2		
2		机床操作规范	4		
3		合理选择刀具	2		
4		设备日常维护	2		
	合计		10		

（3）内螺纹件—车削加工零件质量评分表（表6-21）

表 6-21　内螺纹件一车削加工零件质量评分表

序号	考核项目	考核内容及要求	评分标准	配分	检测结果	得分	备注
1	工艺	工艺方案符合加工顺序	1）工件定位、夹紧及刀具选择合理 2）加工顺序及进给路线合理	10			
2	编程	程序格式正确，指令使用合理	1）指令正确，程序完整 2）切削参数、坐标系选择正确、合理	10			
3	对刀	刀具安装正确，参数设置正确	刀具安装正确、合理	10			
4	外圆	$\phi(50 \pm 0.02)$ mm	每超差 0.01mm 扣 3 分	10			
5	内孔	$\phi(23 \pm 0.02)$ mm		10			
6	长度	(30 ± 0.02) mm	每超差 0.01mm 扣 2 分	5			
		(18 ± 0.02) mm		5			
7	螺纹	M34×2-6H	超差不得分	15			
8	表面粗糙度	$Ra3.2\mu m$	每降一级扣 2 分	5			
		$Ra1.6\mu m$		5			
9	安全文明生产	遵守机床安全操作规程	不符合安全操作规程酌情扣 1~5 分	5			
10	发生重大事故（人身和设备安全事故）、严重违反工艺原则和情节严重的野蛮操作等，取消实操资格						
记录员			检验员				

内螺纹对刀

3. 操作步骤

1）开机。开机前，应先进行机床开机前的检查，然后打开机床电源，启动数控系统。

2）回参考点操作。

3）装夹零件、刀具。

4）对刀，设定工件坐标系。

5）输入程序。

6）校验程序。

7）自动加工零件。

8）检测零件并上交。

▶ 操作注意事项

1）安装毛坯时，要夹紧，以防止毛坯在试切时发生松动损坏刀具。

2）安装刀具时，刀尖应与主轴回转中心等高，以防车削端面至中心时刀具损坏。

3）安装内螺纹车刀时，应使用螺纹样板进行对刀。

4）校验程序时，要检查程序的语法错误和走刀点位置是否正确。

5）运行完成后机床必须回参考点。

6）螺纹切削过程中，进给速度倍率无效，进给速度被限制在 100%。

7）螺纹加工过程中不能停止进给，一旦停止进给，背吃刀量会急剧增加，非常危险。

8）加工完成后要去除零件边棱处的毛刺。

 **知识链接**

1. 内螺纹车刀的安装要求

安装内螺纹车刀前，要用螺纹样板检查其刀尖角，如图 6-10 所示。对刀时，采用用螺纹样板校对刀形与工件端面平行的方法，如图 6-11 所示。刀头不要伸出过长，一般为刀杆厚度的 1~1.5 倍，刀头加上刀杆的径向长度应比螺纹底孔的直径小 3~5mm，以免退刀时碰伤牙顶。

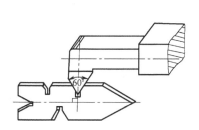

图 6-10 用螺纹样板检查刀尖角

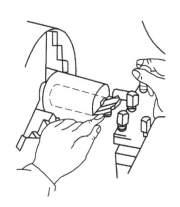

图 6-11 车削内螺纹时的对刀方法

2. 内螺纹的综合检验

图 6-12 所示为一种双头螺纹塞规，两端分别为通端螺纹塞规和止端螺纹塞规。通端螺纹塞规的用途是综合检验螺纹，它具有完整的外螺纹牙型和标准旋合长度；止端螺纹塞规的用途是检验螺纹中径的上极限尺寸，做成截短牙型。

检验工件时，只有当通端能顺利旋合通过，且止端不能通过工件时，才表明该螺纹合格，如图 6-13 所示。

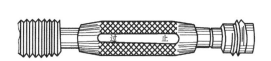

图 6-12 双头螺纹塞规

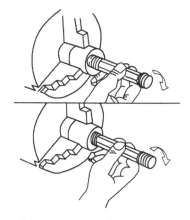

图 6-13 用螺纹塞规检验零件

 知识拓展——常用米制螺纹切削的进给次数与背吃刀量

如果螺纹的牙型较深，螺距较大，可分几次进给，每次进给的背吃刀量用螺纹牙深减去精加工背吃刀量所得的差按递减规律分配。常用米制螺纹切削的进给次数与背吃刀量可参考表6-22选取。在实际加工中，当用牙型高度控制螺纹直径时，一般通过试切来满足加工要求。

表 6-22　常用米制螺纹切削的进给次数与背吃刀量（双边）　　（单位：mm）

米制螺纹							
螺距	1.0	1.5	2.0	2.5	3.0	3.5	4.0
牙深	0.649	0.974	1.299	1.624	1.949	2.273	2.598
背吃刀量（直径值）及切削次数　第1次	0.7	0.8	0.9	1.0	1.2	1.5	1.5
第2次	0.4	0.6	0.6	0.7	0.7	0.7	0.8
第3次	0.2	0.4	0.6	0.6	0.6	0.6	0.6
第4次		0.15	0.4	0.4	0.4	0.6	0.6
第5次			0.1	0.4	0.4	0.4	0.4
第6次				0.15	0.4	0.4	0.4
第7次					0.2	0.2	0.4
第8次						0.15	0.3
第9次							0.2

试一试

加工图6-14所示零件，编写数控加工程序，确定合适的进给路线并选择刀具，确定工艺参数，然后在数控车床上进行车削加工。加工完毕后按照表6-23进行检测和评价。

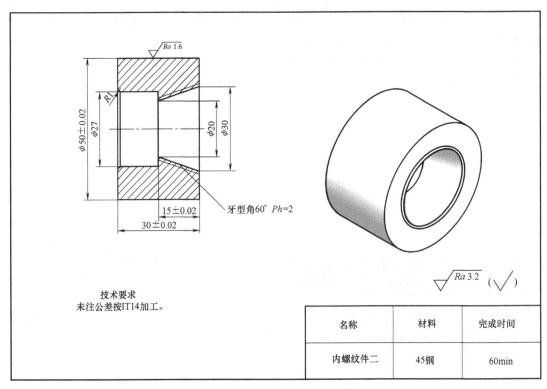

技术要求
未注公差按IT14加工。

名称	材料	完成时间
内螺纹件二	45钢	60min

图 6-14　内螺纹件二

表 6-23 内螺纹件二加工评分标准

序号	考核项目	考核内容及要求	评分标准	配分	检测结果	得分	备注
1	工艺	工艺方案符合加工顺序	1)工件定位、夹紧及刀具选择合理 2)加工顺序及进给路线合理	10			
2	编程	程序格式正确,指令使用合理	指令每错一处扣2分	10			
3	对刀	刀具安装正确,参数设置正确	刀具正确、合理,每把刀具不符扣3分	10			
4	外圆	$\phi(50\pm0.02)$mm		10			
5	长度	(30 ± 0.02)mm	每超差0.01mm扣3分	10			
		(15 ± 0.02)mm		10			
6	螺纹	牙型角60°,$Ph=2$mm	超差不得分	15			
7	表面粗糙度	$Ra3.2\mu m$	每降一级扣2分	5			
		$Ra1.6\mu m$		5			
8	安全文明生产	遵守机床安全操作规程	不符合安全操作规程酌情扣1~5分	5			
9	发生重大事故(人身和设备安全事故)、严重违反工艺原则和情节严重的野蛮操作等,取消实操资格						
记录员			检验员				

项目七

综合件加工

轴类、端盖类零件上通常包含外圆、端面、内孔等多个加工内容,故称其为综合件(图 7-1)。它们主要用来支承传动零部件,起到传递转矩、承受载荷和密封等辅助作用。

a) 螺纹轴   b) 油缸端盖

图 7-1 综合件

本项目重点研究简单轴类零件和端盖类零件的加工方法。

模块一 螺纹轴加工

1)能根据零件图样,确定螺纹轴的加工工艺。
2)能根据所加工零件的材料选择刀具与切削用量。
3)能根据加工工艺方案,利用合理的数控指令编写加工程序。
4)能利用数控机床进行螺纹轴零件的车削加工。
5)会利用常用量具对螺纹轴零件进行检测。
6)遵守数控车工安全操作规程。
7)提高分析问题、解决问题能力。

外圆、槽、螺纹等的加工是车削加工中的基本技能,本模块将其综合到一起,完成螺纹轴的加工。

1. 任务描述

按图 7-2 所示要求加工零件，确定合适的进给路线并选择刀具，确定工艺参数，然后在机床上进行切削加工。

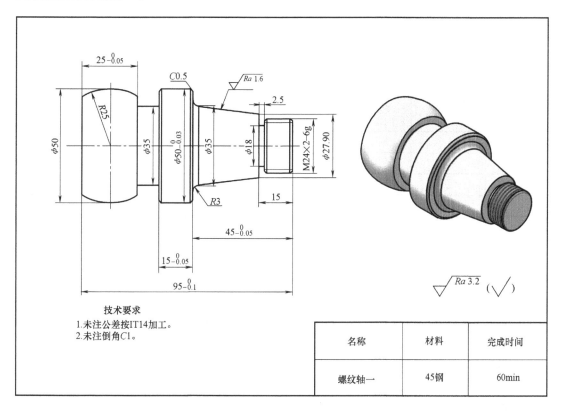

技术要求
1.未注公差按IT14加工。
2.未注倒角C1。

名称	材料	完成时间
螺纹轴一	45钢	60min

图 7-2　螺纹轴一

2. 任务准备

（1）读懂零件图　本任务为螺纹轴加工，识读图 7-2 所示螺纹轴一图样并填写表 7-1。

表 7-1　从螺纹轴一图样中读到的信息

识 读 内 容	读 到 的 信 息
零件名称	
零件材料	
零件形状	
零件图中的重要尺寸	
螺纹尺寸	
几何公差	
表面粗糙度要求	
技术要求	

（2）装夹方法　工件装夹包括定位与夹紧两项内容。工件的定位与夹紧是两个既有本质区别又有密切联系的工作过程。装夹工件的目的，就是通过定位和夹紧使工件在加工过程中始终保持其正确的加工位置，以保证达到该加工工序所规定的技术要求。

想一想

考虑到工件的装夹和加工，图 7-2 所示螺纹轴工件应该先加工左端还是右端？

（3）选择加工工艺参数（表 7-2）

表 7-2　选择螺纹轴一的加工工艺参数

工步号	工步内容	刀具号	刀具类型	参数设置		备注
				主轴转速/(r/min)	进给量/(mm/r)	

（4）确定加工工艺路线

1）用自定心卡盘夹持毛坯右端，棒料伸出卡爪外 60mm。

2）用 93°外圆车刀加工左端面。

3）用 93°外圆车刀加工 R25mm 圆弧、φ50mm 外圆。

4）用外切槽刀加工左端槽。

5）调头装夹，用 93°外圆车刀加工右端面，控制长度。

6）用 93°外圆车刀加工 φ24mm、R3mm 圆弧。

7）用外槽车刀加工螺纹退刀槽。

8）用 60°外螺纹车刀加工 M24×2 螺纹。

（5）编制螺纹轴一数控加工工艺卡片（表 7-3）

表 7-3　螺纹轴一数控加工工艺卡片

工序号	程序号	工步号	工步内容	刀具号	参数设置			备注
					主轴转速/(r/min)	进给量/(mm/r)	背吃刀量/mm	

（6）参考程序

1）螺纹轴一左端数控加工程序见表7-4（FANUC 0i 系统）。

表 7-4　螺纹轴一左端数控加工程序

程　序	说　明
O0001；	程序名
T0101；	调用1号外圆车刀,设定工件坐标系
M03 S1000；	主轴正转,转速为1000r/min
G00 X54. Z2. M08；	刀具快速定位至循环起点,打开切削液
G73 U5. W0 R3；	调用粗车循环指令
G73 P100 Q200 U0.5 W0. F0.3；	设置精车余量,粗车进给量为0.3mm/r
N100 G01 X43.3 Z0 F0.1；	直线插补
G03 Z-25. R25.；	圆弧加工
G01 Z-35.；	Z 向进给
X48.；	X 向进给
X50. Z-36.；	倒角
Z-52.；	Z 向进给
N200 X54.；	X 向退出
G00 X100. Z100.；	刀具快速退出
M05 M09；	主轴停转,关闭切削液
M00；	程序暂停
T0101；	调用1号外圆车刀,设定工件坐标系
M03 S1000；	主轴正转,转速为1000r/min
G00 G42 X54. Z2. M08；	刀具快速定位至循环起点,建立刀尖圆弧半径补偿,打开切削液
G70 P100 Q200；	精车循环
G00 G40 X100. Z100.；	快速退刀,刀尖圆弧半径补偿撤销
M05 M09；	关闭切削液
M00；	程序暂停
T0202；	调用2号车刀,设定工件坐标系
M03 S600 M08；	主轴正转,转速为600r/min
G00 Z-28.；	Z 向快速进给
X45.；	X 向快速进给
G75 R0.3；	切槽循环
G75 X35. Z-35. P2000 Q2500 F0.1；	切槽参数设置
G00 X100. Z100.；	快速退刀
M05 M09；	主轴停转,关闭切削液
M30；	程序结束并复位

2）螺纹轴一右端数控加工程序见表7-5（FANUC 0i 系统）。

表 7-5 螺纹轴—右端数控加工程序

程 序	说 明
O0002;	程序名
T0101;	调用 1 号外圆车刀,设定工件坐标系
M03 S1000;	主轴正转,转速为 1000r/min
G00 X54. Z2. M08;	刀具快速定位至循环起点,打开切削液
G71 U1.5 R0.3;	调用粗车循环指令
G71 P110 Q220 U0.5 W0 F0.3;	设置精车余量,粗车进给量为 0.3mm/r
N110 G01 X22. F0.1;	X 向进给,精车进给量为 0.1mm/r
Z0.;	Z 向进给
X24. Z-1.;	倒角
Z-15.;	Z 向进给
X27.94;	X 向进给
X35. Z-40.;	锥面加工
Z-42.;	Z 向进给
G02 X41. Z-45. R3;	圆弧加工
G01 X48.;	X 向进给
X50. Z-46.;	倒角
N220 X54.;	X 向退出
G00 X100. Z100.;	刀具快速退出
M05 M09;	主轴停转,关闭切削液
M00;	程序暂停
T0101;	调用 1 号车刀,设定工件坐标系
M03 S1000;	主轴正转,转速为 1000r/min
G00 G42 X54. Z2. M08;	刀具快速定位至循环起点,建立刀尖圆弧半径补偿,打开切削液
G70 P110 Q220;	精车循环
G00 G40 X100. Z100.;	快速退刀,刀尖圆弧半径补偿撤销
M09;	关闭切削液
M00;	程序暂停
T0202;	调用 2 号外槽车刀,设定工件坐标系
M03 S600;	主轴正转,转速为 600r/min
G00 X26. Z-14.5 M08;	刀具快速定位至循环起点,打开切削液
G75 R0.3;	切槽循环
G75 X21. Z-15. P1500 Q500 F0.1;	切槽参数设置
G00 X100. Z100.;	快速退刀
M09;	关闭切削液
M00;	程序暂停

（续）

程　序	说　明
T0303;	调用 3 号外螺纹车刀,设定工件坐标系
M03 S600;	主轴正转,转速为 600r/min
G00 X26. Z5. M08;	刀具快速定位至循环起点,打开切削液
G92 X23. Z-13. F2.;	螺纹第 1 次切削循环,背吃刀量为 0.9mm,螺距 2mm
X22.3;	螺纹第 2 次切削循环,背吃刀量(直径值)为 0.7mm
X21.8;	螺纹第 3 次切削循环,背吃刀量(直径值)为 0.5mm
X21.5;	螺纹第 4 次切削循环,背吃刀量(直径值)为 0.3mm
X21.4;	螺纹第 5 次切削循环,背吃刀量(直径值)为 0.1mm
G00 X100.;	X 向快速退刀
Z100.;	Z 向快速退刀
M05 M09;	主轴停转,关闭切削液
M30;	程序结束并复位

 任务实施

1. 操作准备

1）CK6140 型数控车床。

2）45 钢毛坯,尺寸为 ϕ55mm×100mm。

3）螺纹轴一数控加工刀具卡（表 7-6）。

表 7-6　螺纹轴一数控加工刀具卡

刀具号	刀具名称	刀片规格	参考图片	备注
T01	93°外圆车刀	35°菱形,R0.4mm		
T02	外槽车刀	刃宽 4mm、2mm		
03	60°外螺纹车刀			

4）螺纹轴一数控加工工具、量具卡（表 7-7）。

表 7-7　螺纹轴一数控加工工具、量具卡

序号	工具、量具名称	规格	参考图片	备注
1	钢直尺	0~150mm		
2	游标卡尺	0~150mm		

（续）

序号	工具、量具名称	规格	参考图片	备注
3	外径千分尺	25~50mm		
4	螺纹环规	M24×2		
5	卡盘、刀架钥匙			

2. 任务考核表

（1）螺纹轴一加工操作技能总成绩表（表7-8）

表7-8　螺纹轴一加工操作技能总成绩表

序号	任务名称	配分	得分	备注
1	现场操作规范	10		
2	零件加工质量	90		
	合计	100		

（2）螺纹轴一加工现场操作规范评分表（表7-9）

表7-9　螺纹轴一加工现场操作规范评分表

序号	项目	考核内容及要求	配分	得分	备注
1		正确摆放工具、量具	2		
2	现场操作规范	机床操作规范	4		
3		合理选择刀具	2		
4		设备日常维护	2		
	合计		10		

（3）螺纹轴一加工零件质量评分表（表7-10）。

表7-10　螺纹轴一加工零件质量评分表

序号	考核项目	考核内容及要求	评分标准	配分	检测结果	得分	备注
1	工艺	工艺方案符合加工顺序	1)工件定位、夹紧及刀具选择合理 2)加工顺序及进给路线合理	10			
2	编程	程序格式正确,指令使用合理	1)指令正确,程序完整 2)切削参数、坐标系选择正确、合理	5			
3	对刀	刀具安装正确,参数设置正确	刀具安装正确、合理	5			

（续）

序号	考核项目	考核内容及要求	评分标准	配分	检测结果	得分	备注
4	长度	$95_{-0.1}^{0}$mm	每超差 0.02mm 扣 2 分	5			
		$15_{-0.05}^{0}$mm	每超差 0.01mm 扣 3 分	10			
		$45_{-0.05}^{0}$mm		10			
		$25_{-0.5}^{0}$mm		10			
5	外圆	$\phi50_{-0.03}^{0}$mm	每超差 0.01mm 扣 3 分	10			
6	螺纹	M24×2-6g	超差全扣	10			
7	表面粗糙度	$Ra3.2\mu m$	每降一级扣 2 分	5			
		$Ra1.6\mu m$		5			
8	安全文明生产	遵守机床安全操作规程	不符合安全操作规程酌情扣 1~5 分	5			
9	发生重大事故(人身和设备安全事故)、严重违反工艺原则和情节严重的野蛮操作等,取消实操资格						
记录员			检验员				

3. 操作步骤

1) 开机。开机前,应先进行机床开机前的检查,然后打开机床电源,启动数控系统。

2) 回参考点操作。

3) 装夹零件、刀具。

4) 对刀,设定工件坐标系。

5) 输入程序。

6) 校验程序。

7) 自动加工零件。

8) 检测零件并上交。

 操作注意事项

1) 安装毛坯时,要注意毛坯夹持长度,防止在试切过程中因余量不足而导致撞刀。

2) 安装刀具时,要注意加工工艺要求,合理安排刀具的装夹工位。

3) 校验程序时,需要检查程序的语法错误和走刀点位置是否正确。

4) 空运行完成后机床必须回参考点。

5) 在加工过程中应注意观察,出现紧急情况时立即按下急停按钮。

6) 加工后要去除零件边棱处的毛刺。

知识链接

加工螺纹轴零件的工艺安排

由于每个零件的结构形状不同,各表面的技术要求也有所不同,故加工时,其定位方式各有差异。一般加工外形时,以内形定位;加工内形时,则以外形定位。因此,可根据定位方式的不同来划分工序。

考虑到图 7-2 所示零件的形状不易装夹，故先加工零件的左端，然后以左端的零件轴线为定位基准加工右端。并且考虑到"先近后远、先粗后粗的加工原则，制订加工工艺如下：为减少换刀、对刀次数及减少辅助时间，选用 93°外圆车刀进行粗加工和精加工，用切断刀进行切槽加工；调头，用自定心卡盘装夹左端 φ50mm 外圆，留 5mm 余量以防刀具与夹具发生干涉，保证同轴度和精度并防止工件回转时摇晃不定；用 93°外圆车刀依次进行粗、精加工；用刀宽为 2mm 的外槽车刀加工退刀槽，用外螺纹车刀粗、精加工 M24×2 螺纹。

▶ 知识拓展——螺纹轴中的尺寸计算

1. 计算圆弧终点坐标（图 7-2 中的尺寸计算）

如图 7-3 所示已知直角边 $BC = 12.5$mm，斜边 $AC = 25$mm，利用勾股定理求得 $AB = 21.65$mm，从而计算出点 C 坐标为（43.3，−25）。

2. 圆弧与直线相切时圆弧的坐标（图 7-2 中的尺寸计算）

图 7-4 中的 R3mm 圆弧与两条直线相切，相切所剩的圆弧是整圆。那么，R3mm 圆弧在 X、Z 方向上的坐标差值都是圆弧的半径 3mm。

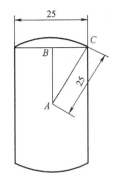

图 7-3　图 7-2 中的尺寸计算

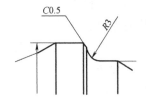

图 7-4　圆弧计算

 试一试

加工图 7-3 所示零件，编写数控加工程序，确定合适的进给路线并选择刀具，确定工艺参数，然后在数控车床上进行车削加工。加工完毕后按照表 7-11 进行检测和评价。

表 7-11　螺纹轴二加工评分标准

序号	考核项目	考核内容及要求	评分标准	配分	检测结果	得分	备注
1	工艺	工艺方案符合加工顺序	1）工件定位、夹紧及刀具选择合理 2）加工顺序及进给路线合理	10			
2	编程	程序格式正确,指令使用合理	1）指令正确,程序完整 2）切削参数、坐标系选择正确、合理	5			
3	对刀	刀具安装正确,参数设置正确	刀具安装正确、合理	10			

（续）

序号	考核项目	考核内容及要求	评分标准	配分	检测结果	得分	备注
4	外圆	$\phi32_{-0.05}^{0}$ mm	每超差 0.01mm 扣 3 分	10			
		$\phi30_{-0.03}^{0}$ mm		10			
		$\phi25_{-0.03}^{0}$ mm		10			
5	长度	$70_{-0.1}^{0}$ mm	每超差 0.02mm 扣 3 分	10			
6	螺纹	M12×1.5-6g	超差不得分	10			
7	表面粗糙度	$Ra3.2\mu m$	每降一级扣 2 分	5			
		$Ra1.6\mu m$		5			
8	安全文明生产	遵守机床安全操作规程	不符合安全操作规程酌情扣 1～5 分	5			
9	发生重大事故(人身和设备安全事故)、严重违反工艺原则和情节严重的野蛮操作等,取消实操资格						
记录员			检验员				

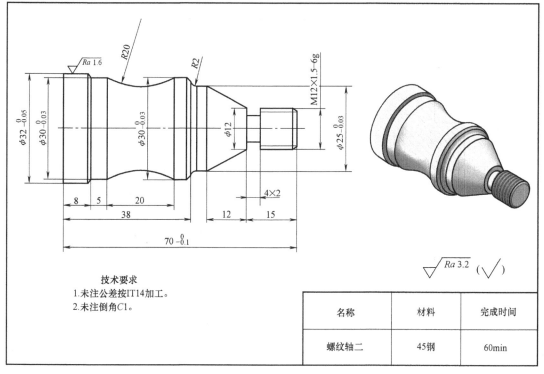

技术要求

1. 未注公差按IT14加工。
2. 未注倒角C1。

名称	材料	完成时间
螺纹轴二	45钢	60min

图 7-5　螺纹轴二

模块二　端盖加工

学习目标

1）能根据零件图样，确定端盖的加工工艺方案。

2）能根据所加工零件的材料选择刀具与切削用量。

3）能根据工艺方案，利用合理的数控指令编写端盖的数控加工程序。

4）能利用数控机床进行简单端盖零件的车削加工。

5）会利用常用量具对端盖零件进行精度检测。

6）遵守数控车工安全操作规程。

7）养成严格遵守工作规范、执行工艺文件的职业习惯。

 **学习导入**

本模块将外圆、内孔、槽、螺纹等的加工综合到一起，完成端盖零件的加工。

▶ **工作任务**

1. 任务描述

按图 7-6 所示要求加工零件，确定合适的进给路线并选择刀具，确定工艺参数，然后在机床上进行切削加工。

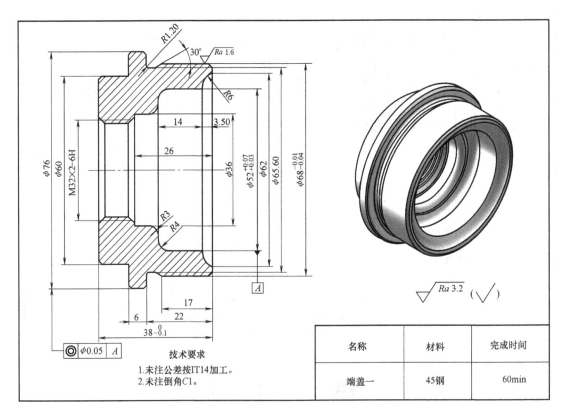

图 7-6　端盖一

2. 任务准备

（1）读懂零件图　本任务为端盖加工，识读图 7-6 所示端盖一图样并填写表 7-12。

表7-12　从端盖一图样中读到的信息

识 读 内 容	读到的信息
零件名称	
零件材料	
零件形状	
螺纹尺寸	
几何公差	
表面粗糙度要求	
技术要求	

（2）选择装夹方法　端盖类零件的轴向尺寸较小，因此，装夹时要特别注意工件的夹持长度。工件夹持过长，会导致机床运行过程中超行程；工件夹持过短，则会导致夹紧力不够，工件在加工过程中会出现松动现象。

想一想

掉头加工图7-6所示工件时，怎样保证同轴度？

（3）选择加工工艺参数（表7-13）

表7-13　选择端盖一的加工工艺参数

工步号	工步内容	刀具号	刀具类型	参数设置		备注
				主轴转速 /(r/min)	进给量/ (mm/r)	

（4）确定加工工艺路线

1）用自定心卡盘夹持毛坯左端。

2）用93°外圆车刀加工右端面。

3）用93°外圆车刀加工ϕ65.6mm至ϕ68mm外轮廓。

4）用内孔车刀加工右端内孔。

5）调头装夹，用93°外圆车刀加工左端面，控制长度。

6）用93°外圆车刀加工ϕ60mm至ϕ76mm外轮廓。

7）用内孔车刀加工内螺纹底孔。

8）用60°内螺纹车刀加工M32×2螺纹。

（5）编制端盖一数控加工工艺卡片（表7-14）

表 7-14　端盖一数控加工件工艺卡片

工序号	程序号	工步号	工步内容	刀具号	参数设置			备注
					主轴转速 /(r/min)	进给量 /(mm/r)	背吃刀量 /mm	

（6）参考程序

1）端盖一右端数控加工程序见表 7-15（FANUC 0i 系统）。

表 7-15　端盖一右端数控加工程序

程　序	说　明
O0001;	程序名
T0101;	调用 1 号外圆车刀,设定工件坐标系
M03 S1000;	主轴正转,转速为 1000r/min
G00 X82. Z2. M08;	刀具快速定位,打开切削液
G73 U6. W0. R6;	调用粗车循环指令
G73 P100 Q200 U0.5 W0. F0.3;	设置精车余量,粗车进给量为 0.3mm/r
N100 G01 X68. F0.1;	X 向进给,精车进给量为 0.1mm/r
G01 Z0.;	Z 向进给
X68. Z-1.;	倒角
Z-17.;	Z 向进给
X65.6 Z-19.08;	锥面加工
Z-20.8;	Z 向进给
G02 X68. Z-22. R1.2;	圆弧加工
G01 X74.;	X 向进给
X76. Z-23.;	倒角
N200 X82.;	X 向退出
G00 X100. Z100.;	刀具快速退出
M05 M09;	主轴停转,关闭切削液
M00;	程序暂停
T0101;	调用 1 号外圆车刀,设定工件坐标系
M03 S1200;	主轴正转,转速为 1200r/min
G00 G42 X80. Z2. M08;	刀具快速定位至循环起点,建立刀尖圆弧半径补偿,打开切削液
G70 P100 Q200 F0.1;	精车循环
G00 G40 X100. Z100.;	快速退刀,刀尖圆弧半径补偿撤销

（续）

程　序	说　明
M05 M09;	关闭切削液
M00;	程序暂停
T0202;	调用 2 号内孔车刀,设定工件坐标系
M03 S600;	主轴正转,转速为 600r/min
G00 X20. Z2. M08;	刀具快速定位,打开切削液
G71 U1. R1. ;	调用粗车循环指令
G71 P110 Q220 U-0.5 W0 F0. 2;	设置精车余量,粗车进给量为 0.2mm/r
N110 G01 X62. ;	X 向进给
G01 Z0. ;	Z 向进给
G03 X52. Z-3.5 R6. ;	圆弧加工
G01 Z-14. ;	Z 向进给
G03 X44. W-4. R4. ;	圆弧加工
G01 X30. ;	X 向进给
G02 X36. W-3. R3. ;	圆弧加工
G01 Z-26. ;	Z 向进给
X33.9;	X 向进给
X29.9 W-2. ;	锥面车削
N220 X20. ;	X 向退出
G00 Z100. ;	Z 向快速退出
M05 M09	主轴停转,关闭切削液
M00;	程序暂停
T0202;	调用 2 号车刀,设定工件坐标系
M03 S800;	主轴正转,转速为 800r/min
G00 G41 X20. Z2. M08;	刀具快速定位,建立刀尖圆弧半径补偿,打开切削液
G70 P110 Q220;	精车循环
G00G40 Z100. ;	快速退刀,刀尖圆弧半径补偿撤销
M05 M09;	主轴停转,关闭切削液
M30;	程序结束并复位

2）端盖—左端数控加工程序见表 7-16（FANUC 0i 系统）。

表 7-16　端盖—左端数控加工程序

程　序	说　明
O0002;	程序名
T0101;	调用 1 号外圆车刀,设定工件坐标系
M03 S1000;	主轴正转,转速为 1000r/min
G00 X82. Z2. M08;	刀具快速定位至循环起点,打开切削液
G71 U1. R1. ;	调用粗车循环指令

（续）

程　序	说　明
G71 P100 Q200 U0.5 W0 F0.3;	设置精车余量,粗车进给量为 0.3mm/r
N100 G01 X54. F0.1;	X 向进给,精车进给量为 0.1mm/r
G01 X60. Z-1.;	倒角
Z-10.;	Z 向进给
X74.;	X 向进给
X76. Z-11.;	倒角
Z-18.;	Z 向进给
N200 X80.;	X 向退出
G00 Z100.;	Z 向快速退出
M05 M09;	主轴停转,关闭切削液
M00;	程序暂停
T0101;	调用 1 号车刀,设定工件坐标系
M03 S1200;	主轴正转,转速为 1200r/min
G00 G42 X82. Z2. M08;	刀具快速定位,建立刀尖圆弧半径补偿,打开切削液
G70 P100 Q200 F0.1;	精车循环
G00 G40 X100. Z100.;	快速退刀,刀尖圆弧半径补偿撤销
M05 M09;	主轴停转,关闭切削液
M00;	程序暂停
T0202;	调用 2 号内孔车刀,设定工件坐标系
M03 S600;	主轴正转,转速为 6000r/min
G00 X20. Z2. M08;	刀具快速定位至循环起点,打开切削液
G71 U1. R1.;	调用粗车循环指令
G71 P110 Q220 U-0.5 W0 F0.2;	设置精车余量,粗车进给量为 0.2mm/r
N110 G01 X37.9 F0.1;	X 向进给,精车进给量为 0.1mm/r
G01 X29.9 Z-2.;	倒角
Z-12.;	Z 向进给
N220 X20.;	X 向退出
G00 Z100.;	Z 向快速退出
M05 M09;	主轴停转,关闭切削液
M00;	程序暂停
T0202;	调用 2 号内孔车刀,设定工件坐标系
M03 S800;	主轴正转,转速为 800r/min
G00 X20. Z2. M08;	刀具快速定位,建立刀尖圆弧半径补偿,打开切削液
G70 G41 P110 Q220 F0.1;	精车循环
G00 G40 Z100.;	快速退刀,刀尖圆弧半径补偿撤销
M05 M09;	主轴停转,关闭切削液

（续）

程　序	说　明
M00;	程序暂停
T0303;	调用 3 号内螺纹车刀,设定工件坐标系
M03 S500;	主轴正转,转速为 500r/min
G00 X29.9 Z5. M08;	刀具快速定位至循环起点,打开切削液
G92 X30.6 Z-13. F2.;	螺纹第 1 次切削循环,背吃刀量为 0.7mm,螺距为 2mm
X31.2;	螺纹第 2 次切削循环,背吃刀量(直径值)为 0.6mm
X31.6;	螺纹第 3 次切削循环,背吃刀量(直径值)为 0.4mm
X31.9;	螺纹第 4 次切削循环,背吃刀量(直径值)为 0.3mm
X32.;	螺纹第 5 次切削循环,背吃刀量(直径值)为 0.1mm
G00 Z100.;	Z 向快速退出
M05 M09;	主轴停转,关闭切削液
M30;	程序结束并复位

 任务实施

1. 操作准备

1) CK6140 型数控车床。

2) 45 钢毛坯,尺寸为 ϕ80mm×40mm (内孔 ϕ20mm)。

3) 端盖一数控加工刀具卡 (表 7-17)。

表 7-17　端盖一数控加工刀具卡

刀具号	刀具名称	刀片规格	参考图片	备注
T0101	93°外圆车刀	35°菱形,R0.4mm		
T0202	内孔车刀	80°菱形,R0.4mm		
T0303	60°内螺纹车刀			

4) 端盖一数控加工工具、量具卡 (表 7-18)。

表 7-18　端盖一数控加工工具、量具卡

序号	工具、量具名称	规格	参考图片	备注
1	钢直尺	0~150mm		
2	游标卡尺	0~150mm		

（续）

序号	工具、量具名称	规格	参考图片	备注
4	外径千分尺	50~75mm		
5	内测千分尺	25~50mm,50~75mm		
6	螺纹塞规	M32×2		

2. 任务考核表

（1）端盖一加工操作技能总成绩表（表7-19）

表7-19　端盖一操作技能总成绩表

序号	任务名称	配分	得分	备注
1	现场操作规范	10		
2	零件加工质量	90		
	合计	100		

（2）端盖一加工现场操作规范评分表（表7-20）

表7-20　端盖一加工现场操作规范评分表

序号	项目	考核内容及要求	配分	得分	备注
1	现场操作规范	正确摆放工具、量具	2		
2		机床操作规范	4		
3		合理选择刀具	2		
4		设备日常维护	2		
	合计		10		

（3）端盖一零件质量评分表（表7-21）

表7-21　端盖一零件质量评分表

序号	考核项目	考核内容及要求	评分标准	配分	检测结果	得分	备注
1	工艺	工艺方案符合加工顺序	1)工件定位、夹紧及刀具选择合理 2)加工顺序及进给路线合理	10			
2	编程	程序格式正确,指令使用合理	1)指令正确,程序完整 2)切削参数、坐标系选择正确、合理	10			
3	对刀	刀具安装正确,参数设置正确	刀具安装正确、合理	10			

（续）

序号	考核项目	考核内容及要求	评分标准	配分	检测结果	得分	备注
4	长度	$38_{-0.1}^{0}$ mm	每超差 0.02mm 扣 3 分	10			
5	外圆	$\phi68_{-0.04}^{-0.01}$ mm	每超差 0.01mm 扣 3 分	10			
6	内孔	$\phi52_{+0.03}^{+0.07}$ mm		10			
7	螺纹	M32×2-6H	超差不得分	15			
8	表面粗糙度	$Ra3.2\mu m$	每降一级扣 2 分	5			
		$Ra1.6\mu m$		5			
9	安全文明生产	遵守机床安全操作规程	不符合安全操作酌情扣 1~5 分	5			
10	发生重大事故（人身和设备安全事故）、严重违反工艺原则和情节严重的野蛮操作等,取消实操资格						
记录员			检验员				

3. 操作步骤

1）开机。开机前，应先进行机床开机前的检查，然后打开机床电源，启动数控系统。

2）回参考点操作。

3）装夹零件、刀具。

4）对刀，设定工件坐标系。

5）输入程序。

6）校验程序。

7）自动加工零件。

8）检测零件并上交。

 操作注意事项

1）安装毛坯时，要注意毛坯夹持长度，防止在试切过程中因余量不足而导致撞刀。

2）安装刀具时，注意加工工艺的要求，合理安排刀具的装夹工位。

3）校验程序时，需要检查程序的语法错误和走刀点位置是否正确。

4）空运行完成后机床必须回参考点。

5）在加工过程中应注意观察，出现紧急情况时立即按下急停按钮。

6）加工后要去除零件边棱处的毛刺。

▶ 知识链接

加工端盖类零件时的注意事项

由于端盖类零件的长度一般较小，在加工过程中，经常会遇到由零件装夹不合理导致的超行程现象。另外，还要遵守基准先行的原则。应根据零件的不同结构，采用合适的装夹和加工方式。

考虑到图 7-6 所示零件的形状不易装夹，故先加工零件的右端，然后以零件轴线为定位基准加工左端。并且考虑到"先近后远、先粗后精"的加工原则，制订加工工艺如下：为减少换刀、对刀次数及减少辅助时间，选用 93°外圆车刀进行粗加工和精加工，用内孔车刀加

工内孔；调头用自定心卡盘装夹右端 $\phi68$mm 外圆，留 5mm 长以防刀具与夹具发生干涉，保证同轴度和精度并防止工件回转时摇晃不定；用 93° 外圆车刀依次进行粗、精加工，车削内螺纹底孔，然后用内螺纹车刀粗、精加工 M32×2 螺纹。

▶ 知识拓展——端盖中的尺寸计算

1. 计算角度线终点坐标（图 7-6 中的尺寸计算）

如图 7-7 所示，直角边 $BC=1.2$mm，斜边 AB 与直角边 AC 的夹角为 30°，则直角边 $AC=BC/\tan30°=2.08$。从而计算出点 A 坐标为（32.8，−19.8）。

2. 圆弧与直线相切时圆弧的坐标（图 7-6 中的尺寸计算）

图 7-8 中的 $R3$mm 圆弧与两条直线相切，相切所剩的圆弧是整圆。那么，$R3$mm 圆弧在 X、Z 方向上的坐标差值都是圆弧的半径 3mm（$R4$mm 圆弧同理）。

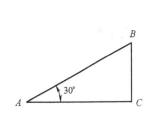

图 7-7　计算角度线终点坐标

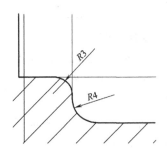

图 7-8　圆弧坐标的计算

加工图 7-9 所示零件，编写数控加工程序，确定合适的进给路线并选择刀具，确定工艺参数，然后在数控车床上进行车削加工。加工完毕后按照表 7-22 进行检测和评价。

表 7-22　端盖二加工评分表

序号	考核项目	考核内容及要求	评分标准	配分	检测结果	得分	备注
1	工艺	工艺方案符合加工顺序	1）工件定位、夹紧及刀具选择合理 2）加工顺序及进给路线合理	10			
2	编程	程序格式正确，指令使用合理	1）指令正确，程序完整 2）切削参数、坐标系选择正确、合理	10			
3	对刀	刀具安装正确，参数设置正确	刀具安装正确、合理	10			
4	长度	$41_{-0.08}^{0}$mm	每超差 0.02mm 扣 3 分	10			
5	外圆	$\phi66_{-0.05}^{-0.02}$mm	每超差 0.01mm 扣 3 分	10			
6	内孔	$\phi36_{+0.01}^{+0.06}$mm		10			

（续）

序号	考核项目	考核内容及要求	评分标准	配分	检测结果	得分	备注
7	螺纹	M34×2-6H	超差不得分	15			
8	表面粗糙度	$Ra3.2\mu m$	每降一级扣2分	5			
		$Ra1.6\mu m$		5			
9	安全文明生产	遵守机床安全操作规程	不符合安全操作规程酌情扣1~5分	5			
10	发生重大事故(人身和设备安全事故)、严重违反工艺原则和情节严重的野蛮操作等,取消实操资格						
记录员				检验员			

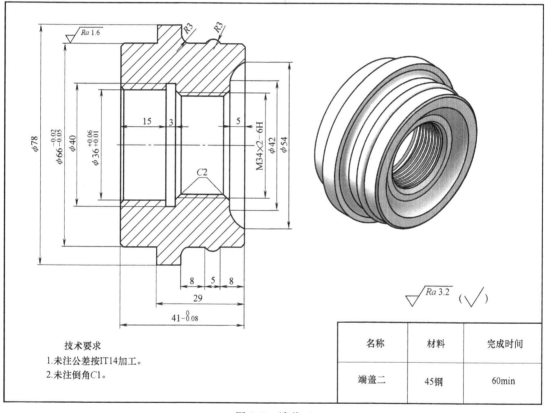

技术要求
1.未注公差按IT14加工。
2.未注倒角C1。

名称	材料	完成时间
端盖二	45钢	60min

图7-9　端盖二

附　　录

附录 A　《数控车削加工》课程考核方案

1. 考核内容

《数控车削加工》课程考核内容包括理论知识考试、职业素养评价和操作技能考核三部分。理论知识考试主要采用笔试或机考等方式，职业素养评价采用过程性评价方式，操作技能考核采用现场实际操作方式。总成绩按照理论知识考试 20%、职业素养评价 15%、操作技能考核 65% 的权重合计。总成绩达 60 分及以上者为合格。

2. 理论知识考试组卷方案（附表 A-1）

附表 A-1　理论知识考试组卷方案　　　　　　　　　（考试时间 45min）

题型	考试方式	题量	分值 /（分/题）	配分 /分
判断题		20	1	20
单选题	闭卷笔试	60	1	60
多选题		10	2	20
小计	—	90		100

3. 职业素养评价方案（附表 A-2）

本课程职业素养评价内容包括遵章守纪，学习意识，规范操作，服从与合作意识，设备保养与发全、环保意识等方面，配分为 100 分。

附表 A-2　职业素养评价方案

序号	评价内容	评 价 标 准	分值	
1	遵章守纪	准时进入实训室上课，不迟到、不早退、不旷课	10	20
		迟到、早退每次扣 0.5 分，旷课每次扣 1 分，直至扣完		
		不做与实训无关的事情	5	
		每做一次与实训无关的事情扣 0.5 分，直至扣完		
		不乱串工位	5	
		每一次串工位扣 0.5 分，直至扣完		

（续）

序号	评价内容	评价标准	分值	
2	学习意识	学习态度认真	5	20
		态度不认真每次扣0.5分,直至扣完		
		在规定时间内完成项目操作	10	
		没按时完成每次扣1分,直至扣完		
		操作主动性强,有吃苦精神	5	
		操作不主动每次扣0.5分,直至扣完		
3	规范操作	操作前整理和检查工具、量具、设备	5	15
		不整理、不检查每次扣0.5分,直至扣完		
		操作中工件、工具、量具摆放整齐、有序	5	
		摆放不整齐每次扣0.2分,直至扣完		
		工具、量具使用规范	5	
		使用不规范每次扣0.2分,直至扣完		
4	服从与合作意识	服从教师分配的各项工作任务	10	20
		不服从任务分配每次扣2分,直至扣完		
		与组员合作融洽	5	
		不团结每次扣0.5分,直至扣完		
		积极协助组员完成工作任务	5	
		不协助每次扣0.5分,直至扣完		
5	设备保养与安全、环保意识	操作期间劳防用品穿戴整齐	5	25
		穿戴不整齐每次扣0.5分,直至扣完		
		检查工具、设备是否安全可靠并按操作规程进行操作	10	
		不检查、不按操作规程进行操作每次扣2分,直至扣完		
		操作后及时清理并做好整理、保洁工作	5	
		未做整理、保洁每次扣0.5分,直至扣完		
		正确处置废弃物品	5	
		处置错误每次扣0.5分,直至扣完		

4. 操作技能考核方案（附表 A-3）

附表 A-3　操作技能考核方案

项目编号	项目名称	考核时间	分数		
			主观分数	客观分数	合计
1	手动输入并验证程序	10	4	6	100
2	车削综合要素零件	140	10	80	

附录 B　《数控车削加工》课程理论知识考试模拟试卷

理论知识考核模拟试卷一

考试时间：45min

一、判断题（对的打√，错的打×。每题 1 分，共 20 分）

1. 在数控机床加工过程中，要改变主轴速度或进给速度必须暂停程序，修改程序中的 S 和 F 的值。　　　　　　　　　　　　　　　　　　　　　　　　　　　　　（　　）

2. 加工轮廓过程中，在接近拐角处应适当降低进给量，以克服"超程"或"欠程"现象。　　　　　　　　　　　　　　　　　　　　　　　　　　　　　　　　　（　　）

3. 目前常用的对刀仪包括机外刀具预调测量仪和机内激光自动对刀仪。　　（　　）

4. 伺服系统是数控机床最重要的组成部分。　　　　　　　　　　　　　　（　　）

5. 数控三坐标测量机也是一种数控机床。　　　　　　　　　　　　　　　（　　）

6. 数控车床不能加工变导程螺纹。　　　　　　　　　　　　　　　　　　（　　）

7. 划分加工阶段的目的之一是便于安排热处理工序。　　　　　　　　　　（　　）

8. IT6~IT7 级的非铁金属件外圆的精加工宜采用精磨。　　　　　　　　　（　　）

9. 按粗、精加工划分工序适用于加工后变形较大，需粗、精加工分开的零件。（　　）

10. 螺距小于 2mm 的普通螺纹一般采用斜进法加工。　　　　　　　　　　（　　）

11. 切断时不允许采用两顶尖装夹的方法。　　　　　　　　　　　　　　（　　）

12. 宽而不深的内沟槽可以先用内孔镗刀车出凹槽后再用内槽车刀车出沟槽。（　　）

13. 数控车床能够实现每转进给，所以能够使用刚性攻螺纹的方法。　　　（　　）

14. 高速工具钢铰刀的加工精度一般比硬质合金铰刀高。　　　　　　　　（　　）

15. 一般来说，相对测量的测量精度比绝对测量的测量精度低。　　　　　（　　）

16. 螺纹环规专门用于评定外螺纹的合格性，所以它是一种专用量具。　　（　　）

17. 工具显微镜是一种高精度的二元坐标测量仪。　　　　　　　　　　　（　　）

18. 在保证使用要求的前提下，对被测要素给出跳动公差后，通常不再对该要素提出位置、方向和形状公差要求。　　　　　　　　　　　　　　　　　　　　　　（　　）

19. 大中型数控机床的主轴为满足输出转矩特性要求，变速常采用分段无级变速。　　　　　　　　　　　　　　　　　　　　　　　　　　　　　　　　　　（　　）

20. 光栅除了有光栅尺外，还有圆光栅，用于测量角位移。　　　　　　　（　　）

二、单选题（每题 1 分，共 60 分）

1. 数控车床屏幕上菜单英文词汇"SPINDLE"所对应的中文词汇是_____。

A. 切削液　　　　　　B. 主轴　　　　　　C. 进给　　　　　　D. 刀架转位

2. 在 CRT/MDI 面板的功能键中，用于程序编制的键是_____。

A. POS　　　　　　　B. PRGRM　　　　　C. OFFSET　　　　　D. ALARM

3. 数控机床回参考点操作的作用是_____。

A. 建立工件坐标系　　　　　　　　　　　B. 建立机床坐标

C. 选择工件坐标系　　　　　　　　　　　　D. 选择机床坐标系

4. 在机床锁定方式下，自动运行_____功能被锁定。

A. 进给　　　　　　B. 刀架转位　　　　　C. 主轴　　　　　　D. 切削液

5. S主轴转速倍率开关的调节对_____不起作用。

A. 直接提高效率　　　　　　　　　　　　　B. 改善切削环境

C. 降低零件表面粗糙度值　　　　　　　　　D. 减少刀具磨损

6. 轮廓加工中，关于在接近拐角处"超程"和"欠程"的叙述，下列选项中正确的是_____。

A. 超程表示产生过切，欠程表示产生欠切

B. 在拐角前产生欠程，在拐角后产生超程

C. 在拐角前产生超程，在拐角后产生欠程

D. 在接近某具体拐角处只产生超程或欠程中的一种

7. 下列操作中属于数控程序编辑操作的是_____。

A. 文件导入　　　　　　　　　　　　　　　B. 搜索查找一个程序

C. 搜索查找一个字符　　　　　　　　　　　D. 执行一个程序

8. 在数控多刀加工对刀时，刀具补偿性偏置参数的设置不包括_____。

A. 各刀具的半径值或刀尖圆弧半径值

B. 各刀具的长度值或刀具位置值

C. 各刀具精度的公差值和刀具变形的误差值

D. 各刀具的磨损量

9. 下列关于对刀仪的叙述正确的是_____。

A. 机外刀具预调对刀仪可以提高数控机床利用率

B. 机内激光自动对刀仪对刀精度高，可以消除由工件刚度不足引起的误差

C. 对刀仪的主要作用是在使用多刀加工时测量各刀在机内的相对位置的差值

D. 刀具磨损后可通过对刀仪重新对刀、设置而恢复正常

10. 当前为机床坐标系，车削端面时Z轴坐标值为200，在刀具形状补偿页面输入Z-10. 并按"MESURE"键输入，则指定刀偏号的Z轴偏移量为_____mm。

A. 190　　　　　　B. 200　　　　　　C. 210　　　　　　D. −10

11. 下列关于数控交换工作台的叙述不正确的是_____。

A. 交换工作台可采用液压活塞推拉机构来实现交换

B. 交换工作台可采用机械链式传动方法来实现交换

C. 交换工作台主要结构的关键是托盘工作台的限位、定位精度和托盘上夹具的定位精度

D. 当被加工工件变更时，数控交换工作台也随之变更

12. 普通数控机床的脉冲当量一般采用_____mm。

A. 0.1　　　　　　B. 0.01　　　　　　C. 0.001　　　　　　D. 0.0001

13. 最适合箱体类零件加工的机床是_____。

A. 立式数控铣床　　B. 立式加工中心　　C. 卧式数控车床　　D. 卧式加工中心

14. 车削中心主轴除回转主运动外，还可实现的运动有_____。

A. 伸缩运动　　　　　　B. 径向进给运动　　　　C. 圆周进给运动　　D. Y 轴运动

15. 数控车床增加一个数控回转工作台后，可控制轴数是_____。

A. 2 轴　　　　　　　　B. 3 轴　　　　　　　　C. 4 轴　　　　　　　D. 5 轴

16. 闭环进给伺服系统与半闭环进给伺服系统的主要区别在于_____。

A. 检测单元　　　　　　B. 伺服单元　　　　　　C. 位置控制器　　　　D. 控制对象

17. 下列型号中属于卧式数控车床的是_____。

A. CK6140　　　　　　B. KC6140　　　　　　C. CK5116　　　　　　D. KC5116

18. 直径在 600mm 以上的盘类零件的加工一般选用_____。

A. 加工中心　　　　　　B. 车削中心　　　　　　C. 数控立式车床　　D. 数控卧式车床

19. 普通数控车床的外表面加工精度一般可以达到_____。

A. 高于 IT5 级　　　　B. IT5～IT6 级　　　　C. IT7～IT8 级　　　D. IT9～IT10 级

20. 零件的_____要求很高时才需要进行光整加工。

A. 位置精度　　　　　　　　　　　　　　　　　B. 尺寸精度和表面粗糙度

C. 尺寸精度　　　　　　　　　　　　　　　　　D. 表面粗糙度

21. 最终工序为车削的加工方案一般不适合加工_____。

A. 淬火钢　　　　　　　B. 未淬火钢　　　　　　C. 非铁金属　　　　　D. 铸铁

22. 表面粗糙度要求高，而尺寸精度要求不高的外圆的加工，最适宜采用_____。

A. 研磨　　　　　　　　B. 抛光　　　　　　　　C. 超精磨　　　　　　D. 超精加工

23. 用平床身前置刀架车床车削右旋螺纹时，车刀的左侧工作后角与其刃磨后角相比_____。

A. 一样大　　　　　　　B. 较大　　　　　　　　C. 较小　　　　　　　D. 不确定

24. 车削螺纹时，应适当增大车刀进给方向的_____。

A. 刀尖角　　　　　　　B. 主偏角　　　　　　　C. 前角　　　　　　　D. 后角

25. 在车床上加工直径小、螺距小的内螺纹，为提高生产率，常采用_____的方法。

A. 旋风车削螺纹　　　　B. 高速车削螺纹　　　　C. 攻螺纹　　　　　　D. 套螺纹

26. 在车床上加工 M6 的内螺纹，常采用_____的方法。

A. 旋风车削螺纹　　　　B. 高速车削螺纹　　　　C. 套螺纹　　　　　　D. 攻螺纹

27. 一阶梯孔，中间孔的尺寸为 $\phi40mm$，长 30mm，两端孔的尺寸分别为 $\phi50mm$，长 60mm，现要测量 $\phi40mm$ 孔的直径，可以选用的测量器具为_____。

A. 游标卡尺　　　　　　B. 杠杆百分表　　　　　C. 内测千分尺　　　D. 内径指示表

28. 内测千分尺的分度值一般为_____mm。

A. 0.05　　　　　　　　B. 0.02　　　　　　　　C. 0.01　　　　　　　D. 0.001

29. 工具显微镜是一种高精度的_____坐标测量仪。

A. 5　　　　　　　　　　B. 4　　　　　　　　　　C. 3　　　　　　　　　D. 2

30. 适应高速运动的、普通数控机床常用的导轨形式是_____。

A. 静压导轨　　　　　　B. 滚动导轨　　　　　　C. 滑动导轨　　　　　D. 贴塑导轨

31. 在车削加工中，以两顶尖装夹工件，可以限制工件的_____自由度。

A. 2 个　　　　　　　　B. 3 个　　　　　　　　C. 4 个　　　　　　　D. 5 个

32. 对夹紧装置的基本要求中，最重要的一条是_____。

A. 夹紧动作迅速　　　　　　　　　　　　B. 安全可靠

C. 正确施加夹紧力　　　　　　　　　　　D. 结构简单

33. 夹紧力方向应朝向工件_____的方向。

A. 刚度较好　　　　B. 刚度较差　　　　C. 面积大　　　　D. 面积小

34. _____夹紧力大，但找正较费时，适合装夹大型或形状不规则的工件。

A. 自定心卡盘　　B. 单动卡盘　　　　C. 中心架　　　　D. 跟刀架

35. 以_____装夹盘类零件，不产生基准位移误差。

A. 自定心卡盘　　B. 单动卡盘　　　　C. 机用虎钳　　　D. V 形架

36. 车削细长轴时，要使用中心架或跟刀架来增加工件的_____。

A. 刚度　　　　　　B. 强度　　　　　　C. 韧性　　　　　D. 耐磨性

37. 跟刀架要固定在车床的床鞍上以抵消车削轴时的_____切削力。

A. 切向　　　　　　B. 轴向　　　　　　C. 背向　　　　　D. 任意方向

38. 数控机床 Z 轴_____。

A. 与工件装夹平面垂直　　　　　　　　　B. 与工件装夹平面平行

C. 与主轴轴线平行　　　　　　　　　　　D. 是水平安置的

39. 在数控机床坐标系中，平行于机床主轴做直线运动的轴为_____。

A. X 轴　　　　　　B. Y 轴　　　　　　C. Z 轴　　　　　D. U 轴

40. G00 指令的快速移动速度是由机床_____确定的。

A. 参数　　　　　　B. 数控程序　　　　C. 伺服电动机　　D. 传动系统

41. G01 指令的移动速度值_____。

A. 由数控程序指定　　　　　　　　　　　B. 由操作面板指定

C. 由机床参数指定　　　　　　　　　　　D. 在机床出厂时固定，不能改变

42. 英文缩写 CNC 的含义是_____。

A. 数字控制　　　　B. 计算机数字控制　C. 数控机床　　　D. 计算机数控机床

43. 预备热处理一般安排在_____。

A. 粗加工前　　　　B. 粗加工后　　　　C. 粗加工前、后　D. 精加工后

44. 最终热处理一般安排在_____。

A. 粗加工前　　　　B. 粗加工后　　　　C. 精加工后　　　D. 精加工前

45. 切削加工中，_____主运动。

A. 只有一个　　　　B. 可以有两个　　　C. 可以有三个　　D. 可以有多个

46. 合成切削运动是由_____合成的运动。

A. 主运动和进给运动　　　　　　　　　　B. 主运动和辅助运动

C. 辅助运动和进给运动　　　　　　　　　D. 主运动、进给运动和辅助运动

47. 背吃刀量一般是指工件上_____间的垂直距离。

A. 待加工表面和过渡表面　　　　　　　　B. 过渡表面和已加工表面

C. 已加工表面和待加工表面　　　　　　　D. 过渡表面中点和已加工表面

48. 套类零件以心轴定位车削外圆时，其定位基准面是_____。

A. 心轴外圆柱面　　　　　　　　　　　　B. 工件内圆柱面

C. 心轴轴线　　　　　　　　　　　　D. 工件孔中心线

49. 轴类零件以 V 形架定位时，其定位基准面是_____。

A. V 形架两斜面　　　　　　　　　　B. 工件外圆柱面

C. V 形架对称中心线　　　　　　　　D. 工件轴线

50. 以下属于违章操作而不属于违反劳动纪律的行为是_____。

A. 迟到、早退　　　　　　　　　　　B. 工作时间干私活

C. 擅自用手代替工具操作　　　　　　D. 上班下棋、看电视

51. 以下_____是用屏障或围栏防止触及带电体。

A. 绝缘　　　　　B. 屏护　　　　　C. 漏电保护装置　　D. 安全电压

52. 以下不属于安全电压的是_____。

A. 110V　　　　　B. 36V　　　　　C. 24V　　　　　D. 12V

53. 飞出的切屑进入眼睛造成眼睛受伤属于_____。

A. 绞伤　　　　　B. 物体打击　　　C. 烫伤　　　　　D. 刺割伤

54. 平键的工作表面为_____。

A. 顶面　　　　　B. 底面　　　　　C. 端面　　　　　D. 侧面

55. 便于安装的定位销是_____。

A. 普通圆柱销　　　　　　　　　　　B. 普通圆锥销

C. 弹性圆柱销　　　　　　　　　　　D. 内螺纹圆柱销

56. 多次装拆后会影响定位精度的定位销是_____。

A. 普通圆柱销　　B. 普通圆锥销　　C. 弹性圆柱销　　D. 开口销

57. 一般来说，下列材料中切削加工性最好的是_____。

A. 铸铁　　　　　B. 低碳钢　　　　C. 中碳钢　　　　D. 非铁金属

58. 职业道德的形式因_____而异。

A. 内容　　　　　B. 范围　　　　　C. 行业　　　　　D. 行为

59. 诚实劳动体现的是_____。

A. 忠诚所属企业　　B. 维护企业信誉　　C. 保守企业秘密　　D. 爱护企业团结

60. 良好的人际关系体现出企业良好的_____。

A. 企业文化　　　B. 凝聚力　　　　C. 竞争力　　　　D. 管理和技术水平

三、多选题（每题 2 分，共 20 分）

1. 金属材料的工艺性能主要有_____。

A. 铸造性能　　　B. 压力加工性能　　C. 切削加工性能

D. 热处理性能　　E. 焊接性能

2. 切削加工性好的材料可_____。

A. 减小刀具磨损　　B. 增加切削用量　　C. 降低表面粗糙度值

D. 提高尺寸精度　　E. 易断屑

3. 钢件的淬火冷却介质可以是_____。

A. 水　　　　　　B. 盐水　　　　　C. 油

D. 空气　　　　　E. 混合介质

4. 数控机床上用的刀具应满足_____。

A. 安装调整方便　　　　B. 刚度好　　　　　　C. 精度高

D. 强度高　　　　　　　E. 使用寿命长

5. 切削液的作用有_____。

A. 冷却　　　　　　　　B. 润滑　　　　　　　C. 清洗

D. 防锈　　　　　　　　E. 消除应力

6. 数控车床的每分钟进给速度为_____的乘积。

A. 主轴每分钟转速　　　B. 车刀每转进给量　　C. 切削刃齿数

D. 刀具直径　　　　　　E. 刀具长度

7. 高速切削一般采用_____。

A. 高的切削速度　　　　　　　　　　B. 较快的进给速度

C. 小的径向和轴向背吃刀量　　　　　D. 大的径向和轴向背吃刀量

8. CAM 操作的主要内容包括_____。

A. 零件造型　　　　　　B. 零件加工　　　　　C. 仿真加工

D. 自动编程　　　　　　E. 程序传输

9. 数控车床上能够加工的内容有_____。

A. 圆锥　　　　　　　　B. 螺纹　　　　　　　C. 偏心轴

D. 叶轮　　　　　　　　E. 蜗轮

10. 外圆表面的加工方法主要是_____。

A. 车削　　　　　　　　B. 磨削　　　　　　　C. 刨削

D. 刮削　　　　　　　　E. 铣削

理论知识考核模拟试卷二

考试时间：45min

一、判断题（对的打√，错的打×。每题 1 分，共 20 分）

1. 在 CRT/MDI 面板的功能键中，用于报警显示的是"ALARM"键。　　　（　　）

2. 当数控机床失去对机床参考点的记忆时，必须进行回机床参考点的操作。　（　　）

3. 数控操作的"跳步"功能又称为"单段运行"功能。　　　　　　　　（　　）

4. 在调试数控程序时，每启动一次只进行一个程序段的控制称为"计划暂停"。

（　　）

5. 目前，大多数数控机床的控制方式是闭环控制。　　　　　　　　　（　　）

6. 卧式数控车床的刀架布局有前置和后置两种。　　　　　　　　　　（　　）

7. 高碳钢工件可以通过正火热处理来降低硬度，改善切削加工性。　　　（　　）

8. 基本时间和辅助时间的总和称为作业时间。　　　　　　　　　　　（　　）

9. 精镗孔时应选择较小的刀尖圆弧半径。　　　　　　　　　　　　　（　　）

10. 相配合的内外螺纹的顶径公称尺寸相等。　　　　　　　　　　　　（　　）

11. 在实体材料上钻直径大于 $\phi75mm$ 的孔时，一般采用套料钻。　　　（　　）

12. 数控车床不能使用刚性攻螺纹的方法。　　　　　　　　　　　　　（　　）

13. 高速工具钢铰刀的加工精度一般比硬质合金铰刀低。　　　　　　　（　　）

14. 检验的特点是只能确定测量对象是否在规定的极限范围内，而不能得出测量对象的

具体数值。 （　　）

15. 游标万能角度尺测量时不用校准零位。 （　　）

16. 游标深度卡尺主要用于测量阶梯形、不通孔、曲槽等工件的深度。 （　　）

17. 预备热处理一般安排在粗加工之后。 （　　）

18. 用平板和指示表测量圆度误差，零件旋转一周，指示表读数的最大差值就是圆度误差。 （　　）

19. 采用贴塑导轨的机床可实现机床的高速运动。 （　　）

20. 偏心套调整是通过改变两个齿轮的中心距来消除齿轮传动间隙的。 （　　）

二、单选题（每题1分，共60分）

1. 在 CRT/MDI 面板的功能键中，用于刀具偏置参数设置的键是_____。

A. POS B. PRGRM C. OFFSET D. ALARM

2. 一般来说，数控机床断电后再开机时，首先要进行回零操作，使机床回到_____。

A. 工件零点 B. 机床参考点 C. 程序零点 D. 起刀点

3. _____是数控操作"跳步"功能的作用之一。

A. 提高加工质量 B. 精加工只要粗加工最后一次走刀的部分程序

C. 提高加工效率 D. 对程序可以循环引用

4. F进给倍率开关的调节对_____不起作用。

A. 提高效率 B. 减小零件表面粗糙度值

C. 减小刀具磨损 D. 提高零件尺寸精度

5. 数控机床的数控系统包括_____。

A. 伺服电动机和驱动系统 B. 控制介质和光电阅读机

C. 信息处理和输入输出装置 D. 位移、速度检测和反馈系统

6. 以下关于目前数控机床程序输入方法的叙述，正确的是_____。

A. 一般只有手动输入 B. 一般只有接口通信输入

C. 一般都有手动输入和接口通信输入 D. 一般都有手动输入和穿孔纸带输入

7. 下列关于对刀仪的叙述，不正确的是_____。

A. 对刀时指针式对刀仪与刀具接触时指针刻度显示接触位移值

B. 对刀时光电式对刀仪与刀具接触时红灯会亮

C. 对刀时对刀仪与刀具接触时红灯会亮，同时指针刻度显示接触位移值

D. 对刀时对刀仪与刀具接触时红灯会亮或指针刻度显示接触位移值

8. 数控程序调试过程中，当发生严重异常现象急需处理时，应启动_____。

A. 程序停止功能 B. 程序暂停功能 C. 急停功能 D. 主轴停止功能

9. 当前为机床坐标系，车削端面时 X 轴坐标值为 200，现在刀具形状刀补页面输入 X40，并按下"MESURE"键输入，则指定刀偏号的 X 轴偏移量为_____。

A. 40 B. 160 C. 200 D. 240

10. 在车床上车削外圆时，刀尖安装得高于工件回转中心，则刀具工作角度与标注角度相比，_____。

A. 前角增大，后角减小　　　　　　　B. 前角减小，后角增大

C. 前角增大，后角增大　　　　　　　D. 前角减小，后角减小

11. 对数控机床的工作性能、加工精度和效率影响最大的部分是_____。

A. 伺服系统　　　B. 检测装置　　　C. 控制介质　　　D. 数控装置

12. 一般 5 轴联动控制的数控机床包含了_____。

A. 5 个移动轴　　　　　　　　　　　B. 4 个移动轴和 1 个旋转轴

C. 2 个移动轴和 3 个旋转轴　　　　　D. 3 个移动轴和 2 个旋转轴

13. 开环控制系统机床的伺服驱动执行元件通常使用_____。

A. 直线电动机　　　B. 交流电动机　　　C. 直流电动机　　　D. 步进电动机

14. 普通数控车床的内表面加工对公差一般可以达到_____。

A. 高于 IT3 级　　　B. IT4~IT5 级　　　C. IT6~IT7 级　　　D. IT8~IT9 级

15. 数控车床适合加工_____零件。

A. 箱体类　　　B. 板类　　　C. 阀体类　　　D. 回转体类

16. 成批生产时，工序划分通常_____。

A. 采用分散原则　　　　　　　　　　B. 采用集中原则

C. 视具体情况而定　　　　　　　　　D. 随便划分

17. 进给功能 F 后的数字表示_____。

A. 每分钟进给量　　　B. 每秒进给量　　　C. 每转进给量　　　D. 螺纹螺距

18. 任何零件的加工，总是先对_____进行加工。

A. 次要表面　　　B. 紧固用的螺孔　　　C. 粗基准表面　　　D. 精基准表面

19. 车削内圆锥时，如果车刀的刀尖与工件轴线不等高，则车出的内锥面将呈_____形。

A. 凹状双曲线　　　B. 凸状双曲线　　　C. 凹状抛物线　　　D. 凸状抛物线

20. 加工 ϕ30H7、深 10mm 的不通孔，宜选用的精加工方法是_____。

A. 扩孔　　　B. 钻孔　　　C. 镗孔　　　D. 铰孔

21. 加工孔时，若工艺系统刚度较差，易发生振动，则应选择主偏角在_____，刀尖圆弧半径_____的车孔刀。

A. 45°左右，较大　　　　　　　　　B. 45°左右，较小

C. 90°左右，较大　　　　　　　　　D. 90°左右，较小

22. M16×1.5LH 表示该螺纹是公称直径为_____。

A. 16mm 的粗牙普通螺纹

B. 16mm、螺距为 1.5mm 的左旋细牙普通螺纹

C. 16mm、螺距为 1.5mm 的细牙普通螺纹

D. 16mm 的左旋粗牙普通螺纹

23. 轴向尺寸可以使用_____测量。

A. 游标卡尺　　　B. 针形深度尺　　　C. 沟形深度尺　　　D. 游标高度尺

24. 用内槽车刀加工 5mm 宽的内沟槽，正确的加工方法（槽底与两侧不留余量）是 X 向切到槽底后_____。

A. Z 向进给 5mm

B. Z 向进给 2mm

C. 提刀后 Z 向移动 5mm，再 X 向切到槽底

D. 提刀后 Z 向移动 2mm，再 X 向切到槽底

25. 能用来测量轴的圆度误差的计量器具是_____。

A. V 形块+指示表　　　B. 平板+指示表　　　C. 外径千分尺　　　D. 环规

26. 铰刀的公差最好选择被加工孔公差带中间_____左右的尺寸。

A. 1/2　　　　　　B. 1/3　　　　　　C. 1/4　　　　　　D. 1/5

27. 用_____测量圆锥角和锥度的方法属于直接测量法。

A. 游标万能角度尺　　B. 圆锥量规　　　　C. 正弦规　　　　D. 钢球

28. 百分表在使用时，被测工件表面和测量杆要_____。

A. 倾斜 60°　　　　B. 倾斜 45°　　　　C. 水平　　　　　D. 垂直

29. 评定形状误差的准则：被测实际要素对其理想要素的_____。

A. 最大变动量为最大　　　　　　　　B. 最小变动量为最小

C. 最小变动量为最大　　　　　　　　D. 最大变动量为最小

30. 机床通电后应首先检查_____是否正常。

A. 加工程序、气压　　B. 各开关、按钮　　C. 工件质量　　　D. 电压、工件精度

31. 安全色中的红色表示_____。

A. 禁止、停止　　　　　　　　　　　B. 注意、警告

C. 指令、必须遵守　　　　　　　　　D. 通行、安全

32. 安全色中的黄色表示_____。

A. 禁止、停止　　　　B. 注意、警告

33. 孔的标注 3×M6 表示_____。

A. 3 个公称直径为 6mm 的光孔　　　　B. 3 个公称直径为 6mm 的螺孔

C. 6 个公称直径为 3mm 的光孔　　　　D. 6 个公称直径为 3mm 的螺孔

34. 退刀槽尺寸标注 2×1 表示_____。

A. 槽宽 1mm，槽深 2mm　　　　　　B. 槽宽 2mm，槽深 1mm

C. 槽宽 1mm，槽深 1mm　　　　　　D. 槽宽 2mm，槽深 2mm

35. 阶梯轴的直径相差不大时，应采用的毛坯是_____。

A. 铸件　　　　　　B. 焊接件　　　　　C. 锻件　　　　　D. 型材

36. 在刀具的切削部分，_____担负主要的切削工作。

A. 主切削刃　　　　B. 副切削刃　　　　C. 刀尖　　　　　D. 前刀面

37. 基面要垂直于假定的_____方向。

A. 进给运动　　　　B. 辅助运动　　　　C. 合成运动　　　D. 主运动

38. 在正交平面内，_____之和等于 90°。

A. 前角、后角、刀尖角　　　　　　　B. 前角、后角、楔角

C. 主偏角、副偏角、刀尖角　　　　　D. 主偏角、副偏角、楔角

39. 以下抗弯强度最好的刀具材料是_____。

A. 硬质合金　　　　B. 合金工具钢　　　C. 高速工具钢　　D. 人造金刚石

40. 高速度、高效率、高刚度和大功率是数控机床的发展趋势，因此，数控加工刀具必

须具有很好的_____。

    A. 刚度   B. 互换性   C. 可靠性   D. 精度

41. 刀具不能因切削条件有所变化而出现故障，必须具有较高的_____。

    A. 刚度   B. 互换性   C. 可靠性   D. 精度

42. 在条件许可时，内形（孔）加工优先选用_____车刀。

    A. 矩形柄   B. 正方形柄   C. 圆柄   D. 菱形柄

43. 圆柄车刀的刀尖高度是刀柄高度的_____。

    A. 1/2   B. 2/3   C. 3/4   D. 4/5

44. 以下没有自动编程功能的软件是_____。

    A. 宇龙数控加工仿真软件   B. UG 软件

    C. Mastercam 软件   D. SolidWorks 软件

45. 零件加工程序的程序段是由若干个_____组成的。

    A. 功能字   B. 字母   C. 参数   D. 地址

46. 用数控机床进行零件加工，首先须把加工路径和加工条件转换为程序，此种程序即称为_____。

    A. 子程序   B. 主程序   C. 宏程序   D. 加工程序

47. 扩孔加工余量一般为_____。

    A. 0.05~0.015mm   B. 0.2~0.5mm   C. 0.5~4mm   D. 4~8mm

48. 切削时的切削量大部分是由_____散播出去的。

    A. 刀具   B. 工件   C. 切屑   D. 空气

49. 攻螺纹时，必须保证丝锥轴线与螺纹孔中心线_____。

    A. 同轴   B. 平行   C. 垂直   D. 倾斜

50. 在机械制造的精密测量中，常用的长度计量单位是_____。

    A. mm（毫米）   B. μm（微米）   C. nm（纳米）   D. cm（厘米）

51. 用三针法测量螺纹中径的测量方法属于_____。

    A. 相对测量   B. 在线测量   C. 综合测量   D. 间接测量

52. 在程序编制中，首件试切的作用是_____。

    A. 检验零件图样的正确性

    B. 检验零件加工方案的正确性

    C. 检验程序单或控制介质的正确性，并检查是否满足加工精度要求

    D. 仅检验数控穿孔带的正确性

53. 数控机床需要_____检查润滑油油箱的油标和油量。

    A. 不定期   B. 每天   C. 每半年   D. 每年

54. 为了使机床达到热平衡状态，必须使其空运转_____以上。

    A. 3min   B. 5min   C. 10min   D. 15min

55. 机床行程极限不能通过_____设置。

    A. 机床限位开关   B. 机床参数   C. M 代码   D. G 代码

56. 系统电池的更换应在_____状态下进行。

    A. 机床断电   B. 伺服系统断电   C. CNC 系统通电   D. 伺服系统通电

57. 存储器用电池应定期检查和更换，最主要是为了防止_____丢失。

A. 加工坐标系　　　　B. 刀具参数　　　　C. 用户宏程序　　　D. 机床参数

58. 故障排除后，应按_____键消除软件报警信息显示。

A. CAN　　　　　　B. RESET　　　　　C. MESSAGE　　　D. DELETE

59. 机床发生超程报警的原因不太可能是_____。

A. 刀具参数错误　　　　　　　　　　　B. 转速设置错误

C. 工件坐标系错误　　　　　　　　　　D. 程序坐标值错误

60. 脉冲当量是指_____。

A. 每个脉冲信号使伺服电动机转过的角度

B. 每个脉冲信号使传动丝杠转过的角度

C. 数控装置输出的脉冲数量

D. 每个脉冲信号使机床移动部件产生的位移量

三、多选题（每题 2 分，共 20 分）

1. 数控车床常用的通用夹具是_____。

A. 花盘和 V 形块　　B. 自定心卡盘　　　C. 单动卡盘

D. 顶尖　　　　　　E. 花盘和角铁

2. 车削细长轴时，为保证加工质量，常采取的措施有_____。

A. 采用三爪跟刀架装夹　　　　　　　　B. 采用中心架装夹

C. 采用弹性后顶尖装夹　　　　　　　　D. 使用反向进给法

E. 采用固定顶尖装夹

3. 在辅助功能锁住状态下，_____无效，不被执行。

A. M03　　　　　　B. M00　　　　　　C. S 代码

D. T 代码　　　　　E. M30

4. 在刀具的几何角度中，_____越小，刀尖强度越大，工件加工后的表面粗糙度值越小。

A. 前角　　　　　　B. 后角　　　　　　C. 刃倾角

D. 主偏角　　　　　E. 副偏角

5. 高速切削一般采用_____。

A. 高的切削速度　　　　　　　　　　　B. 较大的进给量

C. 小的径向和轴向背吃刀量　　　　　　D. 大的径向和轴向背吃刀量

6. 机械加工中，获得尺寸精度的方法有_____。

A. 试切法　　　　　B. 调整法　　　　　C. 定尺寸刀具法

D. 自动控制法　　　E. 轨迹法

7. 调质处理可以使钢件获得_____。

A. 很好的强度　　　　　　　　　　　　B. 很好的塑性和韧性

C. 很高的硬度　　　　　　　　　　　　D. 良好的切削加工性

E. 良好的综合力学性能

8. 液压传动的优点包括_____。

A. 传动平稳　　　　B. 效率较高　　　　C. 能无级调速

D. 易实现自动化　　　　E. 惯性小、反应快

9. 特殊性能钢包括_____。

A. 不锈钢　　　　　B. 耐热钢　　　　　C. 合金钢

D. 耐磨钢　　　　　E. 氮化钢

10. 纯铜具有_____。

A. 良好的冷、热加工性　　　　　　　B. 良好的耐蚀性

C. 良好的导电性　　　　　　　　　　D. 良好的导热性

E. 较高的强度和硬度

理论知识考核模拟试卷三

考试时间：45min

一、判断题（对的打√，错的打×。每题1分，共20分）

1. 公差的数值等于上极限偏差减去下极限偏差。　　　　　　　　（　　）

2. 内径量表的测量范围有 $\phi10\sim\phi18$mm、$\phi18\sim\phi35$mm、$\phi35\sim\phi50$mm 等。（　　）

3. 对刀的目的就是确定刀具的刀位点在当前工件坐标系中的坐标值，对刀的方法一般有试切对刀法、夹具对刀元件间接对刀法、多刀相对偏移对刀法。　　　（　　）

4. G98 F0.2 表示每分钟进给量为 0.2mm/r。　　　　　　　　　（　　）

5. 刀具参数输入包括刀库的刀具与刀具号的对应设定，以及刀具半径和长度的设定。

（　　）

6. 深孔加工的关键是解决深孔钻的几何形状和冷却、排屑问题。　　（　　）

7. 两轴半联动是指 X、Y 轴能实现联动，而 Z 轴只能做周期性进给。　（　　）

8. 偏心回转零件等需要较长时间占机调整的加工内容宜选用数控车床进行加工。

（　　）

9. 数控车床除了能加工直线和圆弧轮廓外，还能加工非圆曲线轮廓。　（　　）

10. 数控机床加工的零件一般按工序分散原则划分工序。　　　　　（　　）

11. 花盘的平面必须与主轴轴线垂直。　　　　　　　　　　　　　（　　）

12. 箱体类零件一般先加工孔，后加工平面。　　　　　　　　　　（　　）

13. 加工路线是指刀具相对于工件运动的轨迹。　　　　　　　　　（　　）

14. 铸有毛坯孔的孔加工常采用镗孔的加工方法。　　　　　　　　（　　）

15. 强力车削时最好选择95°主偏角的车刀。　　　　　　　　　　（　　）

16. 安装车削55°密封管螺纹的车刀时，刀尖角对分线应与螺纹轴线垂直。（　　）

17. 螺距为 1.5mm 的机夹螺纹车刀，都能用来加工螺距为 2mm 的螺纹。（　　）

18. 外槽车刀只要安装成刀杆方向与工件端面垂直，就能切削端面槽了。（　　）

19. 麻花钻钻孔时进给力大，主要是由钻头的主切削刃引起的。　　（　　）

20. 在生产中，主要是按计量器具的不确定度来选择计量器具的。　（　　）

二、单选题（每题1分，共60分）

1. 减少或避免积屑瘤的有效措施之一是采用大_____ 刀具切削，以减小刀具与切屑接触的压力。

A. 前角　　　　　B. 后角　　　　　C. 刃倾角　　　　　D. 主偏角

2. CNC 系统一边进行插补运算一边进行加工，这种控制方式称为_____。

A. 开环控制　　　　　B. 闭环控制　　　　　C. 实时控制　　　　D. 半闭环控制

3. 制造精度较高、切削刃形状复杂，且用于切削钢材的刀具，其材料应选用_____。

A. 碳素工具钢　　　　B. 硬质合金　　　　　C. 高速工具钢　　　D. 立方氮化硼

4. 正交平面是通过切削刃选定点且同时垂直于基面和_____的平面。

A. 法平面　　　　　　B. 切削平面　　　　　C. 假定工作平面　　D. 背平面

5. 夹紧力作用点应落在_____上或由几个定位元件所形成的支承区域内。

A. 定位元件　　　　　B. V 形架　　　　　　C. 支承钉　　　　　D. 支承板

6. 数控车床屏幕上菜单英文词汇"FEED"所对应的中文词汇是_____。

A. 切削液　　　　　　B. 急停　　　　　　　C. 进给　　　　　　D. 刀架转位

7. 切槽刀不能用于以下_____加工。

A. 切槽　　　　　　　B. 切断　　　　　　　C. 倒角　　　　　　D. 镗孔

8. FANUC 系统辅助功能中的 M30 表示（　　　）。

A. 切削液开　　　　　B. 程序开始　　　　　C. 程序结束　　　　D. 主轴停止

9. 下列操作中属于数控程序编辑操作的是_____。

A. 删除一个字符　　　B. 删除一个程序　　　C. 删除一个文件　　D. 导入一个程序

10. 下列关于对刀方法应用的叙述，正确的是_____。

A. 试切对刀法对刀精度低，效率较低，一般用于单件小批量生产

B. 多刀加工对刀时，采用同一程序时必须用多个工件坐标系

C. 多刀加工对刀时，采用同一工件坐标系时必须用多个程序

D. 多刀加工对刀时，可采用同一程序，同一工件坐标系

11. 机内激光自动对刀仪不可以_____。

A. 测量各刀具相对工件坐标系的位置

B. 测量各刀具相对机床坐标系的位置

C. 测量各刀具之间的相对长度

D. 测量、设定各刀具的部分刀补参数

12. 数控程序调试中，采用"机床锁定"（FEED HOLD）方式自动运行时，_____功能被锁定。

A. 倍率开关　　　　　B. 切削液开关　　　　C. 主轴　　　　　　D. 进给

13. DNC 系统是指_____系统。

A. 自适应控制　　　　B. 计算机群控　　　　C. 柔性制造　　　　D. 计算机控制

14. 下列材料中，一般可采用电火花加工的是_____。

A. 陶瓷　　　　　　　B. 钢　　　　　　　　C. 塑料　　　　　　D. 木材

15. 数控车床中，转速功能字 S 可指定_____。

A. mm/r　　　　　　　B. r/mm　　　　　　　C. mm/min　　　　　D. m/min

16. CK5116 表示的车床类型是_____。

A. 数控卧式车床　　　B. 数控立式车床　　　C. 数控专用车床　　D. 车削中心

17. 一次装夹需要完成车、铣、钻等多工序的加工时，可以选用_____。

A. 数控车床　　　　　B. 车削中心　　　　　C. 加工中心　　　　D. 数控铣床

18. 加工回转体类零件适合使用的机床是_____。

A. 数控车床   B. 数控铣床   C. 加工中心   D. 数控刨床

19. 对精度要求不高、工件刚度大、加工余量小、批量小的零件加工可_____加工阶段。

A. 分粗、精   B. 分粗、半精

C. 分粗、半精、精   D. 不必划分

20. 直接切除加工余量所消耗的时间称为_____。

A. 基本时间   B. 辅助时间   C. 作业时间   D. 准终时间

21. 最终轮廓应尽量_____走刀完成。

A. 1 次   B. 2 次   C. 3 次   D. 任意次

22. 铸铁类零件的粗加工，宜选择的硬质合金刀具牌号为_____。

A. P20 或 P30   B. P01 或 P10   C. K20 或 K30   D. K01 或 K10

23. FANUC 系统准备功能中 G92 表示_____。

A. 预置功能   B. 螺纹固定循环   C. 端面切削循环   D. 半径补偿

24. 车削螺纹时，在保证最小背吃刀量的前提下，每刀的背吃刀量一般是_____。

A. 递增的   B. 递减的   C. 均等的   D. 任意的

25. 扩孔钻与麻花钻相比有以下特点_____。

A. 刚度较好，导向性好   B. 刚度较差，但导向性好

C. 刚度较好，但导向性差   D. 刚度较差，导向性差

26. 完整的测量过程应包括测量对象、测量方法、测量精度和_____。

A. 计量单位   B. 检验方法   C. 计量器具   D. 测量条件

27. 分度值为 0.02mm 的游标卡尺的游标上有 50 个等分刻线，其总长为_____。

A. 47mm   B. 48mm   C. 49mm   D. 50mm

28. 外径千分尺的分度值为 0.01mm，微分筒上有 50 条均布的刻线，则内部螺旋机构的导程为_____。

A. 0.1mm   B. 0.5mm   C. 1mm   D. 5mm

29. 几何误差检测原则中的控制实效边界原则，一般用_____检验。

A. 平板   B. 坐标测量仪   C. 百分表   D. 功能量规

30. 下列导轨形式中，摩擦系数最小的是_____。

A. 滚动导轨   B. 滑动导轨   C. 液体静压导轨   D. 贴塑导轨

31. 显示器无显示但机床能够动作，故障原因可能是_____。

A. 显示部分故障   B. S 倍率开关为 0   C. 机床锁住状态   D. 机床未回参考点

32. 数控系统的软件报警有来自 NC 的报警和来自_____的报警。

A. PLC   B. P/S 程序错误   C. 伺服系统   D. 主轴伺服系统

33. 水平仪的分度值为 0.02mm/1000mm，将该水平仪置于长 200mm 的平板之上，偏差格数为 3 格，则该平板两端的高度差为_____。

A. 0.06mm   B. 0.048mm   C. 0.024mm   D. 0.012mm

34. 一般数控铣床主轴和加工中心主轴的区别是_____。

A. 不能实现主轴孔自动吹屑   B. 不能自动松开刀具

C. 不能自动夹紧刀具   D. 不能准停，因而不能实现自动换刀

35. 以下不能用平板和带指示表的表架测量的是_____误差。

A. 位置度   B. 平面度   C. 平行度   D. 圆度

36. 用杠杆百分表测量工件时，测量杆轴线与工件平面要_____。

A. 垂直   B. 平行   C. 倾斜 60°   D. 倾斜 45°

37. 检验 $\phi 4H7$ 的孔，可以选用的计量器具是_____。

A. 游标卡尺   B. 光滑塞规   C. 内径指示表   D. 内测千分尺

38. G00 指令要求刀具以点位控制方式的_____速度移动到指定位置。

A. 最安全   B. 最慢   C. 适中   D. 最快

39. 程序段 G04 X5.0；的含义是_____继续执行下一段程序。

A. 移动 5mm   B. 停止 5min

C. 停止 5s   D. 进给到直径为 5mm 的位置后

40. G92 X_ Z_ R_ F_ ；中，R 表示_____。

A. 半径   B. 退刀量

C. 锥螺纹大小端半径差   D. 锥螺纹大小端直径差

41. G73 U_ W_ R_ ；中，R 表示_____。

A. 半径   B. 退刀量

C. 锥螺纹大小端直径差   D. 重复加工次数

42. 用百分表测量台阶时，若长针从 0 指到 10，则台阶高差是_____。

A. 0.1mm   B. 0.5mm   C. 1mm   D. 10mm

43. 直接切除工序余量所消耗的时间称为_____。

A. 基本时间   B. 辅助时间   C. 作业时间   D. 准终时间

44. 表面粗糙度要求高，而尺寸精度要求不高的外圆加工，最终宜采用_____。

A. 研磨   B. 抛光   C. 超精磨   D. 超精加工

45. 选择刀具起始点时，应考虑_____。

A. 防止与工件或刀具干涉碰撞   B. 方便工件安装、测量

C. 每把刀具或刀尖在起始点重合   D. 必须选在工件外侧

46. 程序管理包括程序搜索、选择一个程序、_____和新建一个程序。

A. 执行一个程序   B. 调试一个程序   C. 删除一个程序   D. 修改程序切削参数

47. G71 U_ R_ ；中，R 表示_____。

A. 半径   B. 退刀量

C. 锥螺纹大小端直径差   D. 重复加工次数

48. G03 X_ Z_ R_ F_ ；中，R 表示_____。

A. 半径   B. 退刀量

C. 锥螺纹大小端直径差   D. 重复加工次数

49. 通常数控系统除了直线插补外，还有_____。

A. 正弦插补   B. 圆弧插补   C. 抛物线插补

50. CAM 的加工仿真主要检验零件的_____。

A. 尺寸精度   B. 位置精度   C. 表面粗糙度   D. 形状是否正确

51. 下列软件中，具有自主知识产权的国产 CAD 系统是_____。

A. AutoCAD   B. SolidWorks   C. Pro/E   D. CAXA

52. 在 G04 暂停功能指令中，_____参数的单位为 ms。

A. X   B. U   C. P   D. Q

53. 执行下列若干段程序段后，累计暂停进给时间是_____ s。

N2 G01 Z-10. F100; N4 G04 P10; N6 G01 Z-20.; N8 G04 X10.;

A. 20   B. 100   C. 11   D. 10.01

54. 数控系统通常除了可以进行直线插补外，还可以进行_____。

A. 椭圆插补   B. 圆弧插补   C. 抛物线插补   D. 球面插补

55. 数控系统所规定的最小设定单位就是数控机床的_____。

A. 运动精度   B. 加工精度   C. 脉冲当量   D. 传动精度

56. 数控机床 F 功能的常用单位为_____。

A. m/s   B. mm/min 或 mm/r C. m/min   D. r/s

57. 下列不正确的功能字是_____。

A. N8.0   B. N100   C. N03   D. N0005

58. 刀片的刀尖圆弧半径一般适宜选取进给量的_____。

A. 1~2 倍   B. 2~3 倍   C. 3~4 倍   D. 4~5 倍

59. 圆弧形车刀的刀位点在该圆弧的_____。

A. 起始点   B. 终止点   C. 中点   D. 圆心点

60. 切削塑性较大的金属材料时，形成_____切屑。

A. 带状   B. 挤裂   C. 粒状   D. 崩碎

三、多选题 （每题 2 分，共 20 分）

1. 相比其他铸铁，灰铸铁_____。

A. 切削性能好   B. 铸造性能佳   C. 耐磨性较差

D. 吸振性能强   E. 塑性、韧性好

2. 时效处理的主要作用是_____。

A. 消除残余应力   B. 提高强度和硬度 C. 稳定钢材组织

D. 提高塑性和韧性   E. 稳定尺寸

3. 构成尺寸链的每一尺寸称为"环"，一般由封闭环、_____组成。

A. 增环   B. 乘环   C. 除环

D. 减环   E. 开环

4. 在刀具的几何角度中，_____增大时，背向力减小，进给力增大。

A. 前角   B. 后角   C. 刃倾角

D. 主偏角   E. 副偏角

5. 影响切削力的因素有_____。

A. 工件材料   B. 切削用量   C. 刀具几何参数

D. 刀具磨损   E. 切削液

6. 执行下列_____指令的过程中，数控系统需要进行插补运算。

A. G00   B. G01   C. G02

D. G03   E. G04

7. FANUC 0iB 系统中，以下_____是正确的子程序结束程序段。

A. M99   B. M98   C. M02

D. M30   E. M99 P0010

8. 对于机床液压系统的_____，应该每天进行检查。

A. 油压   B. 油面高度   C. 油液质量

D. 滤芯   E. 废油池

9. 普通数控车床刀架一般能实现_____功能。

A. 双向转位   B. 就近换刀   C. 刀具自动装夹

D. 刀片自动更换   E. 刀架定位夹紧

10. 普通数控车床主轴脉冲编码器的作用主要是_____。

A. 实现主轴准停   B. 实现主轴分度   C. 实现 C 轴控制

D. 实现每转进给   E. 实现螺纹加工

附录 C 《数控车削加工》课程操作技能考核模拟试卷

操作技能考核模拟试卷一

项目一名称：手动输入并验证程序

试题名称：程序输入及验证

考核时间：10min

1. 工作任务

在数控车床上完成程序输入并验证程序。

附：操作准备、数控车床（FANUC 0i 系统）、零件图样（附图 1）及相关程序。

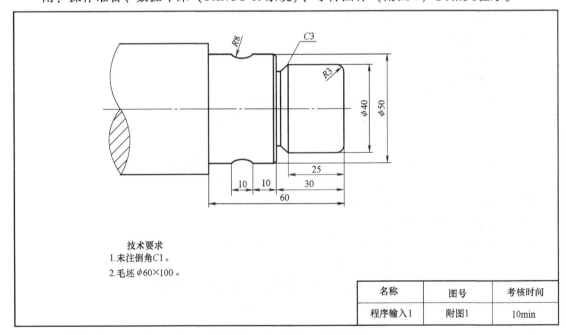

技术要求
1. 未注倒角C1。
2. 毛坯 ϕ60×100。

名称	图号	考核时间
程序输入1	附图1	10min

附图 1 程序输入 1 零件

参考程序：

O0001；

T0101；

M03 S800；

G00 X60. Z50. ；

G00 Z5. ；

G01 X34. F0. 1；

Z0. ；

G03 X40. Z-3. R3. ；

G01 X40. Z-25. ；

X34. Z-28. ；

Z-30. ；

X48. ；

X50. Z-31. ；

Z-40. ；

G02 X50. Z-50. R8. ；

G01 X50. Z-60. ；

G01 X65. ；

G00 Z50. ；

M05；

M30；

2．技能要求

1）能正确输入要求的数控车削程序。

2）能检验程序的正确性。

3）能注意机床操作的安全性。

3．质量指标

1）按时输入程序且正确无误。

2）图形轨迹检验符合图样要求。

客观评分表

试题名称：程序输入及验证（附图 1）

编号	配分	评分细则描述	规定或标称值	得分
01	3	按时完成给定程序的输入	10min	
02	3	生成图形轨迹符合图样要求 （一处不符合扣 1 分，扣完为止）		
合计配分	6	合计得分		

考评员签名＿＿＿＿＿＿＿＿＿＿＿＿

主观评分表

试题名称：程序输入及验证（附图1）

编号	配分	评分细则描述	考评员评分			最终得分
			1	2	3	
S1	2	机床面板操作的熟练程度				
S2	2	具备人身、设备安全意识				
合计配分	4	合计得分				

考评员签名＿＿＿＿＿＿＿＿＿＿＿＿＿＿＿

项目二名称：车削综合要素零件

试题名称：加工与检测内孔外螺纹轴一

考核时间：140min

1. 操作准备

1）数控车床（FANUC 0i系统）。

2）外圆车刀、镗孔刀、螺纹车刀、游标卡尺、百分表等工具和量具。

3）零件图样（附图2）。

4）提供CF卡，考核程序在CF卡中，由考生自行调用至机床中。

2. 操作内容

1）根据零件图样（附图2）和加工程序完成零件加工。

2）零件尺寸自检。

3）文明生产和机床清洁。

3. 操作要求

1）根据数控程序说明单安装刀具，建立工件坐标系，输入刀具参数。

2）程序中的切削参数没有实际指导意义，考生能阅读程序并根据实际加工要求调整切削参数。

3）按零件图样（附图2）完成零件加工。

4）零件加工完毕，按照尺寸检查规定的项目检验零件，并把检验结果填入表内。

5）操作过程中发生撞刀等严重生产事故者，操作立即终止，取消此次考核资格。

程序说明单

程序号	刀具名称	刀尖圆弧半径	刀具、刀补号	工件坐标系位置	主要加工内容
O1111	93°外圆车刀	$R0.4mm$	T0101	工件左端面中心	$\phi40mm$、$\phi46mm$外圆等
O1112	$\phi16mm$内孔车刀	$R0.4mm$	T0202	工件左端面中心	$\phi30mm$内孔等
O1113	93°外圆车刀	$R0.4mm$	T0101	工件右端面中心	$\phi35mm$、$\phi30mm$外圆等
O1114	外螺纹车刀		T0303	工件右端面中心	螺纹
备注	本程序说明单顺序与实际加工顺序无关				

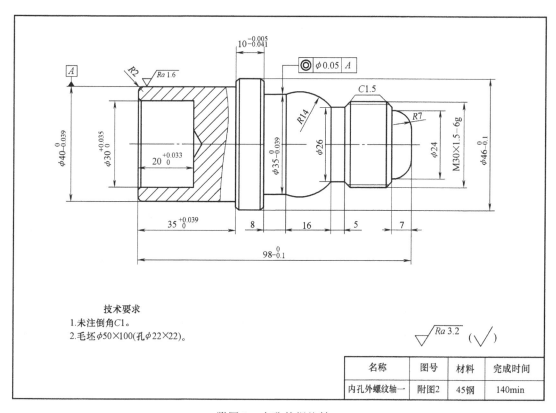

技术要求

1. 未注倒角C1。
2. 毛坯φ50×100(孔φ22×22)。

$\sqrt{Ra\,3.2}$ $(\sqrt{\ \ \ })$

名称	图号	材料	完成时间
内孔外螺纹轴一	附图2	45钢	140min

附图2　内孔外螺纹轴一

客观评分表（考评员填写）

准考证号：_____　考试时间：_____

试题名称：加工与检测内孔外螺纹轴（附图2）

编号	配分	评分细则描述	规定或标称值	尺寸测量值	得分
01	5	每超差0.01mm扣2分 超差0.03mm不得分	$\phi 46_{-0.1}^{0}$ mm		
02	6	每超差0.01mm扣2分 超差0.03mm不得分	$\phi 40_{-0.039}^{0}$ mm		
03	6	每超差0.01mm扣2分 超差0.03mm不得分	$\phi 35_{-0.039}^{0}$ mm		
04	5	每超差0.01mm扣2分 超差0.03mm不得分	$98_{-0.1}^{0}$ mm		
05	6	每超差0.01mm扣2分 超差0.03mm不得分	$35_{0}^{+0.039}$ mm		
06	6	每超差0.01mm扣2分 超差0.03mm不得分	$10_{-0.041}^{-0.005}$ mm		
07	4	外圆φ40mm的表面粗糙度 降级不得分	$Ra1.6\mu m$		

（续）

编号	配分	评分细则描述	规定或标称值	尺寸测量值	得分
O8	6	每超差 0.01mm 扣 2 分 超差 0.03mm 不得分	$\phi30^{+0.035}_{0}$ mm		
O9	4	每超差 0.01mm 扣 2 分 超差 0.03mm 不得分	$20^{+0.033}_{0}$ mm		
O10	7	通规旋进,止规旋进不超过 2 牙为合格 答题者,得 2 分	M30×1.5-6g		
O11	5	M30×1.5 螺纹的表面粗糙度 降级不得分	螺纹处 $Ra3.2\mu m$		
O12	3	同轴度	$\phi0.05mm$		
O13	8	未注尺寸公差有一处超差扣 1 分,扣完为止	未注尺寸公差		
O14	2	超差不得分	倒角 C1.5		
O15	2	超差不得分	未注倒角 C1		
O16	5	其他表面粗糙度 降级不得分	$Ra3.2\mu m$		
合计配分	80	合计得分			

主观评分表

试题名称：加工与检测内孔外螺纹轴（附图 2）

编号	配分	评分细则描述	考评员评分			最终得分
			1	2	3	
S1	5	使用操作不规范每次扣 1 分;零件加工 完成后不清扫机床扣 2 分				
S2	5	操作不文明每次扣 2 分				
合计配分	10	合计得分				

考评员签名＿＿＿＿＿＿＿＿＿＿＿＿＿＿＿

操作技能考核模拟试卷二

项目一名称：手动输入并验证程序

试题名称：程序输入及验证（附图 3）

考核时间：10min

1. 工作任务

在数控车床上完成程序输入并验证程序。

附：操作准备、数控车床（FANUC 0i 系统）、零件图样（附图 3）及相关程序。

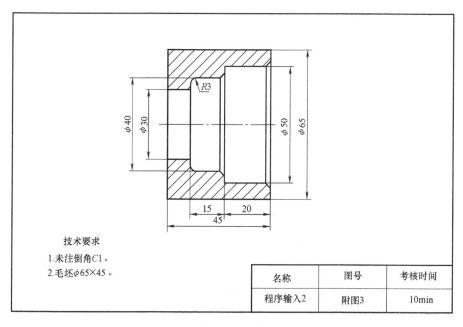

技术要求

1.未注倒角C1。

2.毛坯ϕ65×45。

名称	图号	考核时间
程序输入2	附图3	10min

附图3　程序输入2零件

参考程序：

O0001；

T0101；

M03 S600；

G00 X20. Z50. ；

G00 Z5. ；

G01 X53. F0. 1；

Z0. 5；

G01 X50. Z−1. ；

Z−20. ；

X42. ；

X40. Z−21. ；

Z−32. ；

G03 X34. Z−35. R3. ；

G01 X30. ；

Z−45. ；

G01 X20. ；

G00 Z50. ；

M05；

M30；

2. 技能要求

1）能正确输入要求的数控车削程序。

2) 能检验程序的正确性。

3) 能注意机床操作的安全性。

3. 质量指标

1) 按时输入程序且正确无误。

2) 图形轨迹检验符合图样要求。

客观评分表

试题名称：程序输入及验证（附图3）

编号	配分	评分细则描述	规定或标称值	得分
O1	3	按时完成给定程序的输入	10min	
O2	3	生成图形轨迹符合图样要求（一处不符合扣1分，扣完为止）		
合计配分	6	合计得分		

考评员签名＿＿＿＿＿＿＿＿

主观评分表

试题名称：程序输入及验证（附图3）

编号	配分	评分细则描述	考评员评分			最终得分
			1	2	3	
S1	2	机床面板操作的熟练程度				
S2	2	具备人身、设备安全意识				
合计配分	4	合计得分				

考评员签名＿＿＿＿＿＿＿＿

项目二名称：车削综合要素零件

试题名称：加工与检测内孔外螺纹轴二（附图4）

考核时间：140min

1. 操作准备

1) 数控车床（FANUC 0i 系统）。

2) 外圆车刀、镗孔刀、螺纹车刀、游标卡尺、百分表等工具和量具。

3) 零件图样（附图4）。

4) 提供CF卡，考核程序在CF卡中，由考生自行调用至机床中。

2. 操作内容

1) 根据零件图样（附图4）和加工程序完成零件加工。

2) 零件尺寸自检。

3) 文明生产和机床清洁。

3. 操作要求

1) 根据数控程序说明单安装刀具，建立工件坐标系，输入刀具参数。

2) 程序中的切削参数没有实际指导意义，考生能阅读程序并根据实际加工要求调整切削参数。

3）按零件图样（附图4）完成零件加工。

4）零件加工完毕，按照尺寸检查规定的项目检验零件，并把检验结果填入表内。

5）操作过程中发生撞刀等严重生产事故者，操作立即终止，取消此次考核资格。

程序说明单

程序号	刀具名称	刀尖圆弧半径	刀具、刀补号	工件坐标系位置	主要加工内容
O1211	93°外圆车刀	R0.4mm	T0101	工件左端面中心	ϕ40mm、ϕ48mm 外圆等
O1212	ϕ16mm 内孔车刀	R0.4mm	T0202	工件左端面中心	ϕ28mm 内孔等
O1213	93°外圆车刀	R0.4mm	T0101	工件右端面中心	ϕ30mm、ϕ40mm 外圆等
O1214	外螺纹车刀		T0303	工件右端面中心	螺纹
备注	本程序说明单顺序与实际加工顺序无关				

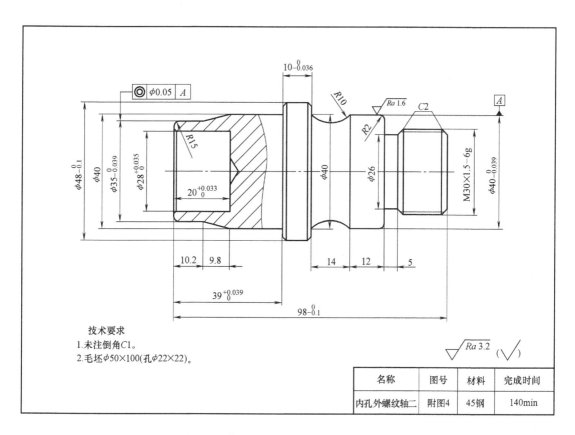

技术要求

1. 未注倒角C1。
2. 毛坯ϕ50×100(孔ϕ22×22)。

名称	图号	材料	完成时间
内孔外螺纹轴二	附图4	45钢	140min

附图4　内孔外螺纹轴二

客观评分表（考评员填写）

准考证号_____　考试时间：_____

试题名称：加工与检测内孔外螺纹轴（附图4）

编号	配分	评分细则描述	规定或标称值	尺寸测量值	得分
01	5	每超差 0.01mm 扣 2 分 超差 0.03mm 不得分	$\phi48_{-0.1}^{0}$mm		

（续）

编号	配分	评分细则描述	规定或标称值	尺寸测量值	得分
O2	6	每超差 0.01mm 扣 2 分 超差 0.03mm 不得分	$\phi40^{\ 0}_{-0.039}$mm		
O3	6	每超差 0.01mm 扣 2 分 超差 0.03mm 不得分	$\phi35^{\ 0}_{-0.039}$mm		
O4	5	每超差 0.01mm 扣 2 分 超差 0.03mm 不得分	$98^{\ 0}_{-0.1}$mm		
O5	6	每超差 0.01mm 扣 2 分 超差 0.03mm 不得分	$39^{+0.039}_{\ 0}$mm		
O6	6	每超差 0.01mm 扣 2 分 超差 0.03mm 不得分	$10^{\ 0}_{-0.036}$mm		
O7	4	外圆 ϕ40mm 的表面粗糙度 降级不得分	$Ra1.6\mu$m		
O8	6	每超差 0.01mm 扣 2 分 超差 0.03mm 不得分	$\phi28^{+0.035}_{\ 0}$mm		
O9	4	每超差 0.01mm 扣 2 分 超差 0.03mm 不得分	$20^{+0.033}_{\ 0}$mm		
O10	7	通规旋进,止规旋进不超过 2 牙为合格 答题者,得 2 分	M30×1.5-6g		
O11	5	M30×1.5 螺纹的表面粗糙度 降级不得分	螺纹处 $Ra3.2\mu$m		
O12	3	同轴度	$\phi0.05$mm		
O13	8	未注尺寸公差有一处超差扣 1 分,扣完为止	未注尺寸公差		
O14	2	超差不得分	倒角 C2		
O15	2	超差不得分	未注倒角 C1		
O16	5	其他表面粗糙度 降级不得分	$Ra3.2\mu$m		
合计 配分	80	合计得分			

主观评分表

试题名称：加工与检测内孔外螺纹轴（附图 4）

编号	配分	评分细则描述	考评员评分			最终得分
			1	2	3	
S1	5	使用操作不规范每次扣 1 分；零件加工完成后不清 扫机床扣 2 分				
S2	5	操作不文明每次扣 2 分				
合计配分	10	合计得分				

考评员签名＿＿＿＿＿＿＿＿＿＿＿＿＿＿＿

操作技能考核模拟试卷三

项目一名称：手动输入并验证程序

试题名称：程序输入及验证（附图5）

考核时间：10min

1. 工作任务

在数控车床上完成程序输入并验证程序。

附：操作准备、数控车床（FANUC 0i 系统）、零件图样（附图5）及相关程序。

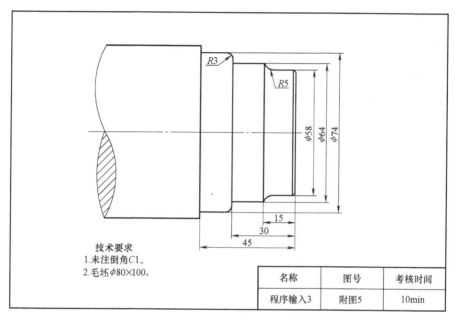

技术要求
1. 未注倒角C1。
2. 毛坯φ80×100。

名称	图号	考核时间
程序输入3	附图5	10min

附图5　程序输入3零件

参考程序：

O0001；

T0101；

M03 S800；

G00 X76. Z50. ；

Z5. ；

G01 X54. F0.1；

Z1. ；

X58. Z-1. ；

Z-10. ；

G02 X64. Z-15. R5. ；

G01 Z-30. ；

X68. ；

G03 X74. Z-33. R3. ；

G01 Z-45.；

X76.；

G00 X80.；

Z50.；

M05；

M30；

2．技能要求

1）能正确输入要求的数控车削程序。

2）能检验程序的正确性。

3）能注意机床操作的安全性。

3．质量指标

1）按时输入程序且正确无误。

2）图形轨迹检验符合图样要求。

客观评分表

试题名称：程序输入及验证（附图5）

编号	配分	评分细则描述	规定或标称值	得分
O1	3	按时完成给定程序的输入	10min	
O2	3	生成图形轨迹符合图样要求（一处不符合扣1分，扣完为止）		
合计配分	6	合计得分		

考评员签名_____

主观评分表

试题名称：程序输入及验证（附图6）

编号	配分	评分细则描述	考评员评分 1	考评员评分 2	考评员评分 3	最终得分
S1	2	机床面板操作的熟练程度				
S2	2	具备人身、设备安全意识				
合计配分	4	合计得分				

考评员签名_____

项目二名称：车削综合要素零件

试题名称：加工与检测内孔螺纹套（附图6）

考核时间：140min

1．操作准备

1）数控车床（FANUC 0i系统）。

2）外圆车刀、镗孔刀、螺纹车刀、游标卡尺、百分表等工具和量具。

3）零件图样（附图6）。

4）提供CF卡，考核程序在CF卡中，由考生自行调用至机床中。

2. 操作内容

1）根据零件图样（附图 6）和加工程序完成零件加工。

2）零件尺寸自检。

3）文明生产和机床清洁。

3. 操作要求

1）根据数控程序说明单安装刀具，建立工件坐标系，输入刀具参数。

2）程序中的切削参数没有实际指导意义，考生能阅读程序并根据实际加工要求调整切削参数。

3）按零件图样（附图 6）完成零件加工。

4）零件加工完毕，按照尺寸检查规定的项目检验零件，并把检验结果填入表内。

5）操作过程中发生撞刀等严重生产事故者，操作立即终止，取消此次考核资格。

程序说明单

程序号	刀具名称	刀尖圆弧半径	刀具、刀补号	工件坐标系位置	主要加工内容
O1311	93°外圆车刀	$R0.4mm$	T0101	工件右端面中心	$\phi60mm$、$\phi76mm$ 外圆等
O1312	$\phi16mm$ 内孔车刀	$R0.4mm$	T0202	工件右端面中心	螺纹底孔等
O1313	内螺纹刀		T0303	工件右端面中心	螺纹
O1314	93°外圆车刀	$R0.4mm$	T0101	工件左端面中心	$\phi68mm$ 外圆等
O1315	$\phi16mm$ 内孔车刀	$R0.4mm$	T0202	工件左端面中心	$\phi50mm$ 内孔等
备注	本程序说明单顺序与实际加工顺序无关				

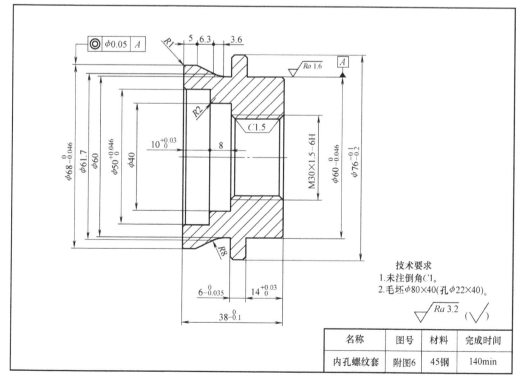

附图 6　内孔螺纹套

客观评分表（考评员填写）

准考证号：_____ 考试时间：_____

试题名称：加工与检测内孔螺纹套（附图6）

编号	配分	评分细则描述	规定或标称值	尺寸测量值	得分
O1	5	每超差 0.01mm 扣 2 分 超差 0.03mm 不得分	$\phi 76_{-0.2}^{-0.1}$mm		
O2	6	每超差 0.01mm 扣 2 分 超差 0.03mm 不得分	$\phi 60_{-0.046}^{0}$mm		
O3	6	每超差 0.01mm 扣 2 分 超差 0.03mm 不得分	$\phi 68_{-0.046}^{0}$mm		
O4	5	每超差 0.01mm 扣 2 分 超差 0.03mm 不得分	$38_{-0.1}^{0}$mm		
O5	6	每超差 0.01mm 扣 2 分 超差 0.03mm 不得分	$14_{0}^{+0.03}$mm		
O6	6	每超差 0.01mm 扣 2 分 超差 0.03mm 不得分	$6_{-0.035}^{0}$mm		
O7	4	外圆 $\phi 60$mm 表面粗糙度 降级不得分	$Ra1.6\mu m$		
O8	6	每超差 0.01mm 扣 2 分 超差 0.03mm 不得分	$\phi 50_{0}^{+0.046}$mm		
O9	4	每超差 0.01mm 扣 2 分 超差 0.03mm 不得分	$10_{0}^{+0.03}$mm		
O10	7	螺纹通、止规检验,合格得分	M30×1.5-6H		
O11	5	M30×1.5 螺纹的表面粗糙度 降级不得分	螺纹处 $Ra3.2\mu m$		
O12	3	同轴度	$\phi 0.05$mm		
O13	8	未注尺寸公差有一处超差扣 1 分,扣完为止	未注尺寸公差		
O14	2	超差不得分	倒角 $C1.5$		
O15	2	超差不得分	未注倒角 $C1$		
O16	5	其他表面粗糙度 降级不得分	$Ra3.2\mu m$		
合计配分	80	合计得分			

主观评分表

试题名称：加工与检测内孔螺纹套（附图6）

编号	配分	评分细则描述	考评员评分			最终得分
			1	2	3	
S1	5	使用操作不规范每次扣1分；零件加工完成后不清扫机床扣2分				
S2	5	操作不文明每次扣2分				
合计配分	10	合计得分				

考评员签名_____

参 考 文 献

[1]　金涛，王卫兵. 数控车加工［M］. 北京：机械工业出版社，2004.

[2]　夏铭，郭建清. 数控机床编程及操作［M］. 南京：东南大学出版社，2014.

[3]　徐卫东. 数控车工（四级）［M］. 北京：中国劳动社会保障出版社，2015.

[4]　胡协忠，朱勤惠. 数控车工（FANUC 系统）［M］. 北京：化学工业出版社，2008.

[5]　唐娟，林红喜. 数控车床编程与操作实训教程［M］. 上海：上海交通大学出版社，2010.

[6]　张宁菊. 数控车削编程与加工［M］. 北京：机械工业出版社，2015.

[7]　周文兰. 数控车削实训与等级［M］. 北京：中国铁道出版社，2010.